现代光学与光子学理论和进展丛书

丛书主编：李　林
名誉主编：周立伟

U0267792

光谱与光纤技术

Spectrum and Optical Fiber Technology

［德］弗兰克·特雷格（Frank Träger）**主编**

李林 北京永利信息技术有限公司 **译**

陈瑶 **审**

北京理工大学出版社
BEIJING INSTITUTE OF TECHNOLOGY PRESS

图书在版编目（CIP）数据

光谱与光纤技术 /（德）弗兰克·特雷格主编；
李林，北京永利信息技术有限公司译. --北京：北京理
工大学出版社，2022.6
书名原文：Springer Handbook of Lasers and
Optics 2nd Edition
ISBN 978-7-5763-1398-7

Ⅰ ①光… Ⅱ. ①弗… ②李… ③北… Ⅲ. ①光谱学
②光学纤维 Ⅳ. ①O433②TN25

中国版本图书馆 CIP 数据核字（2022）第 102746 号

北京市版权局著作权合同登记号　图字：01-2022-1757号

First published in English under the title

Springer Handbook of Lasers and Optics, edition: 2

edited by Frank Träger

Copyright © Springer Berlin Heidelberg, 2012

This edition has been translated and published under licence from

Springer-Verlag GmbH, part of Springer Nature.

出版发行 / 北京理工大学出版社有限责任公司
社　　址 / 北京市海淀区中关村南大街 5 号
邮　　编 / 100081
电　　话 / （010）68914775（总编室）
　　　　　 （010）82562903（教材售后服务热线）
　　　　　 （010）68944723（其他图书服务热线）
网　　址 / http://www.bitpress.com.cn
经　　销 / 全国各地新华书店
印　　刷 / 三河市华骏印务包装有限公司
开　　本 / 710 毫米×1000 毫米　1/16
印　　张 / 12.25
字　　数 / 246 千字
版　　次 / 2022 年 6 月第 1 版　2022 年 6 月第 1 次印刷
定　　价 / 76.00 元

责任编辑 / 陈莉华
文案编辑 / 陈莉华
责任校对 / 周瑞红
责任印制 / 李志强

丛书序

  光学与光子学是当今最具活力和发展最迅速的前沿学科之一。近半个世纪尤其是进入 21 世纪以来，光学和光子学技术已经发展成为跨越各行各业，独立于物理学、化学、电子科学与技术、能源技术的一个大学科、大产业。组织编撰一套全面总结光学与光子学领域最新研究成果的现代光学与光子学理论和进展丛书，全面展现光学与光子学的理论和整体概貌，梳理学科的发展思路，对于我国的相关学科的科学研究、学科发展以及产业发展具有非常重要的理论意义和实用价值。

  为此，我们编撰了《现代光学与光子学理论和进展》丛书，作者包括了德国、美国、日本、澳大利亚、意大利、瑞士、印度、加拿大、挪威、中国等数十位国际和国内光学与光子学领域的顶级专家，集世界光学与光子学研究之大成，反映了现代光学和光子学技术及其各分支领域的理论和应用发展，囊括了国际及国内光学与光子学研究领域的最新研究成果，总结了近年来现代光学和光子学技术在各分支领域的新理论、新技术、新经验和新方法。本丛书包括了光学基本原理、光学设计与光学元件、现代激光理论与技术、光谱与光纤技术、现代光学与光子学技术、光信息处理、光学系统像质评价与检测以及先进光学制造技术等内容。

  《现代光学与光子学理论和进展》丛书获批"十三五"国家重点图书出版规划项目。本丛书不仅是光学与光子学领域研究者之所需，更是物理学、电子科学与技术、航空航天技术、信息科学技术、控制科学技术、能源技术、生物技术等各相关研究领域专业人员的重要理论与技术书籍，同时也可作为高等院校相关专业的教学参考书。

　　光学与光子学将是未来最具活力和发展最迅速的前沿学科，随之不断发展，丛书中难免存在不足之处，敬请读者不吝指正。

作　者

于北京

作者简介

Wolfgang Demtröder

凯泽斯劳滕工业大学
物理系
德国凯泽斯劳滕
demtroed@physik.uni－kl.de

第 1 章第 1.1 和 1.2 节

Wolfgang Demtröder 曾在明斯特大学、图宾根大学和波恩大学攻读物理、数学和科学专业。1961 年，他在波恩大学保罗教授的指导下获得博士学位。他曾是弗莱堡大学的助理研究员以及科罗拉多州博尔德实验天体物理联合研究所（JILA）的客座研究员。自 1970 年以来，他已成为凯泽斯劳滕工业大学的物理系教授以及斯坦福大学（美国）、神户大学（日本）、悉尼新南威尔士大学（澳大利亚）和洛桑工业大学（瑞士）的客座教授。他的研究领域是：分子和金属簇的高分辨率激光光谱学、时间分辨光谱学、碰撞过程光谱学。他获得了 1994 年的"马克斯－波恩奖"和 2001 年的"海森堡奖章"。自 2000 年以来，他就退休了，但仍以教科书作者和欧洲激光实验室选拔委员会主席的身份活跃在科学界。目前他已接受了加尔兴量子光学 MPQ 和康斯坦茨大学发出的客座教授聘任邀请。

Ajoy Ghatak

印度理工学院（德里）
物理系
印度新德里
ajoykghatak@yahoo.com

第 2 章

Ajoy Ghatak 已在国际性刊物上发表 170 多篇研究论文，并编著了几部与光纤光学、量子力学和狭义相对论有关的书籍。他是美国光学学会（OSA）和 SPIE 的会员。他是"2008 年 SPIE 教育家奖""2003 年 OSA 以斯帖—霍夫曼—贝勒奖""1998 年国际光学委员会伽利略—伽利莱奖""1979 年 CSIR S.S.巴特纳格尔奖"的得主。他的研究方向是光纤光学和量子力学。

Theodor W. Hänsch

马克斯—普朗克量子光学研究所
德国加尔兴
t.w.haensch@mpq.mpg.de

第 3 章

1969 年，Theodor W. Hänsch 从海德堡大学获得博士学位。他如今是马克斯—普朗克量子光学研究所的所长，也是德国慕尼黑大学的教授。由于他在激光光谱学和超冷量子气体领域中的研究，他已得很多奖，包括 2005 年的"诺贝尔物理学奖"。

Nathalie Picqué

马克斯—普朗克量子光学研究所
德国加尔兴
nathalie.picque@mpq.mpg.de

第 3 章

Nathalie Picqué 于 1998 年从法国巴黎南奥赛大学获得博士学位。目前她是法国国家科学研究中心的永久高级研究科学家，在这之前她曾在马克斯—普朗克量子光学研究所和德国慕尼黑路德维希—马克西米利安大学工作过。她的研究方向包括激光频率梳以及开发新的分子光谱技术。

Sune Svanberg

隆德大学
原子物理系
瑞典隆德
sune.svanberg@fysik.lth.se

第 1 章第 1.3 节

Sune Svanberg 于 1972 年从哥德堡大学获得物理博士学位。在 1980—2008 年，他是隆德大学原子物理系的教授兼系主任。在 1996—2009 年，他担任隆德激光中心（欧洲的一座大型基础设施）的主任。在那之后，他成为隆德大学的高级教授，目前还是广州华南师范大学的特聘教授。他是美国物理学会、美国光学学会和欧洲光学学会的会员，还是 5 所研究院的院士以及多所大学的名誉博士/教授。他的研究方向包括：基本原子激光光谱学；大功率激光—物质相互作用；激光光谱在能量、环保和医疗等研究领域中的应用。

K. Thyagarajan

印度理工学院（德里）
物理系
印度新德里
ktrajan@physics.iitd.ac.in

第 2 章

K. Thyagarajan 目前是印度理工学院（印度德里）物理系的教授。他在国际性期刊上发表了 140 多篇研究论文，并提交了 5 项专利的申请。他还与 A. K. Ghatak 教授一起合著了 7 本书，最近写的是《激光器：基本原理与应用》（2010 年）。在 1998 年，他与 B. P. Pal 教授共同获得了由朗讯科技—Finolex 公司和印度语音数据公司颁发的"1997 年光纤人奖"。在 2003 年，法国政府授予他"学术领域的官员"称号。在 2005 年，他被当选为美国光学学会的会员；在 2008 年，他被选为印度国家工程院的院士。他是 Tejas 网络印度私人有限公司（班加罗尔）的顾问，帮助该公司解决与大容量光纤通信有关的先进问题。他目前的研究方向是导波量子光学、光纤放大器以及光子带隙结构中的非线性光学效应等领域。

目　录

第 1 章

光谱学技术

光谱学是获得关于原子和分子的结构和动力学详细信息最重要的方法理论。任何光谱技术的最基本标准都是可获得光谱分辨率和灵敏度。

在 1.1 节中，我们将专注于光谱分析的静态法，其中光谱分辨率、最大可实现的灵敏度和最佳探测器的发展是主要课题。

在 1.2 节中，介绍了时间分辨光谱学，讨论了脉宽低至飞秒的短脉冲激光器的实现，并给出了用于测量这种短脉冲时间曲线的方法。此外还展示了其中几个需要高时间分辨率的应用。

使用激光雷达（光探测和测距）技术对环境进行遥感评估见 1.3 节。通过差分吸收激光雷达来映射空气污染物，从而得到气体分布的三维映射；还讨论了对凝聚物目标的激光雷达测量；考虑了水、植被和文化遗产古迹。重点放在荧光激光雷达技术上，但也描述了激光雷达激光诱导击穿光谱。最后还给出了激光雷达类测量装置近距测量的例子。

|1.1 静 态 法|

1. 光谱技术的基本原理

所有的光谱技术都可以分为适用于吸收光谱学的技术和适用于发射光谱学的技术。发射光谱学要求可以发射辐射的激发态群体。这种激发可以通过碰撞（如气体放电，其中电子冲击激发是主要激发机制，或在诸如恒星的气氛等热气体中通过原子或离子之间的碰撞填充激发态）或通过光子吸收（如激光激发荧光）实现。

任何光谱技术的一个重要标准是其灵敏度，该灵敏度被定义为在转变时吸收或发射光子的最小可检测数量。它也是最小可监测原子或分子数量的一个量度。特别是对于分析研究来说，如果想在其他物种的存在下和恶劣的环境中仍然可以检测到少量原子或分子，则所选择的最佳技术至关重要。当单个原子或分子，例如气体中、液体中或表面上的污染物，仍然可以被测量时，就可以说是达到了最终的灵敏度。实际上，真正需要这种灵敏度的是在比其数量高出很多数量级的其他物种存在下对罕见同位素进行光学检测。

所有光谱技术的另一个基本特征是光谱分辨能力 R。它被定义为

$$R = \left| \frac{\lambda}{\Delta\lambda_{\min}} \right| = \left| \frac{v}{\Delta v_{\min}} \right| \tag{1.1}$$

式中，$\Delta\lambda_{\min}$ 或 $\Delta v_{\min}$ 为仍然可以分辨的最小光谱间隔（以波长 λ 或频率 v 测量），即由 $\Delta\lambda > \Delta\lambda_{\min}$ 隔开的两条谱线可被识别为两条分离的线。该最小间隔 $\Delta\lambda_{\min}$ 取决于谱线的轮廓。瑞利勋爵对此提出了如图 1.1 所示的一个标准。

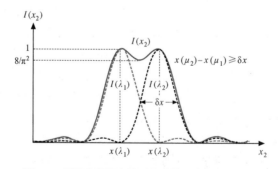

图 1.1　用于分辨两个接近的谱线轮廓的瑞利准则

当两个部分重叠的线轮廓在强度 $I_{\max}$ 的两个最大值之间有不超过 $0.8I_{\max}$ 的下陷时，可以认为两条谱线是可以分辨的。

光谱分辨率 R 取决于：

（1）光谱分析仪，用于分离不同波长的吸收或发射跃迁。这些可以是光谱仪或干涉仪。

（2）吸收线或发射线的线宽。对于低压下的气体样品，其通常是多普勒宽度，在较高的压力下，压力可扩大线轮廓。

2. 吸收技术

大多数光谱学应用都基于辐射吸收。已经开发了几种技术，有的利用辐射穿过吸收样品的衰减，有的则监测光子吸收引起的不同效应，例如，样品中的温度升高、电导率的变化或通过吸收诱导的发光[1.1]。

我们将从经典吸收光谱开始，以确定哪些因素可以确定灵敏度极限。

1）传统吸收光谱学

当频率为 ω 和强度为 I_0 的单色电磁波穿过具有吸收路径长度 L 的吸收样本时，透射强度为

$$I_t = I_0 \cdot e^{-\alpha L} \tag{1.2}$$

转变 $E_k \to E_i$ 的光谱吸收系数 $\alpha(\omega_{ik})$ 可由单个分子 $|i\rangle \to |k\rangle$ 转变时的吸收截面 σ_{ik}、群密度的差 $N_k - N_i$ 和统计权重比 g_k/g_i 来确定：

$$L(\Omega_{ik}) = \left[N_k - \left(\frac{g_k}{g_i} \right) N_i \right] \sigma_{ik}(\Omega) \tag{1.3}$$

式中，统计权重 $g = 2J + 1$，给出了所涉及能级总角动量 J 的可能取向的数目。

对于小的吸收，式（1.2）中的指数函数可以扩展为

$$I_t \approx I_0 (1 - \alpha \cdot L) \tag{1.4}$$

我们从式（1.1）得到吸收长度为

$$\Delta I = \left[N_k - \left(\frac{g_k}{g_i} \right) N_i \right] \sigma_{ik} L I_0 \tag{1.5}$$

对于非单色辐射，总吸收取决于吸收跃迁谱宽与入射辐射带宽之间的关系（见图 1.2）。

对于辐射的光谱带宽 $\Delta\omega_r$ 和吸收半宽度 $\Delta\omega_a$，相对总吸收量为

$$\frac{\Delta I}{I_0} = \frac{L \int \alpha(\omega) I(\omega) d\omega}{\int I(\omega) d\omega} \approx \bar{\alpha} \frac{\Delta\omega_a}{\Delta\omega_r} \tag{1.6}$$

其中，尽管只有吸收线轮廓内的间隔 $\Delta\omega_a$ 对吸收有较大贡献，但仍将积分扩展到所有频率上。这表明，对于 $\Delta\omega_r > \Delta\omega_a$，相对吸收随吸收谱线宽度 $\Delta\omega_a$ 与辐射带宽 $\Delta\omega_r$ 之比 $\Delta\omega_a/\Delta\omega_r$ 的增加而增加（见图 1.2）。因此，使用窄带辐射源不仅有利于光谱分辨率，而且有利于增加灵敏度。这一点经常被忽视。如果入射辐射的带宽 $\Delta\omega_r$ 小于吸收谱线宽度 $\Delta\omega_a$，则只能测量吸收谱线的谱线轮廓。

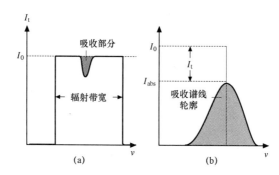

图 1.2　通过光谱半宽 $\Delta\omega_a$ 转变的入射辐射不同带宽 $\Delta\omega_r$ 的相对吸收

（a）$\Delta\omega_r > \Delta\omega_a$；（b）针对单色辐射

最小可检测强度变化 ΔI 主要取决于入射强度 I_0 的可能波动和诸如检测器噪声等其他噪声源。我们总结了所有噪声对总噪声 ΔI_{noise} 的贡献。小吸收率 $\Delta I = I_0 \cdot \alpha \cdot L < \Delta I_{\text{noise}}$ 需要特殊的电子设备才能检测到。对于强度变化 ΔI，检测器给出输出信号 $S \propto \Delta I$，而噪声贡献量 $\delta S \propto \Delta I_{\text{noise}}$。灵敏度的一个量度是可实现的信噪比 $S/\delta S$。根据条件，可推导出

$$S \geqslant \delta S \Rightarrow \Delta I \geqslant \Delta I_{\text{noise}} \tag{1.7}$$

通过式（1.6），我们可得到如下最小可检测的吸收分子数密度：

$$\Delta N = \left[N_k - \left(\frac{g_k}{g_i} \right) N_i \right] \geqslant \frac{1}{\sigma_{ik} L(S\delta S)} \tag{1.8}$$

这表明为了获得高灵敏度，吸收路径长度 L 应该尽可能长，应该选择尽可能大的信噪比 $S/\delta S$ 和具有大吸收截面 σ 的转变。稍后我们会看到，如何通过实验来满足这些要求。

2）激光吸收光谱学

当使用窄带激光器作为辐射源时，可以更好地满足上述对高灵敏度和最佳光谱分辨率的要求。单色波长可调激光器的吸收光谱学在许多方面与微波光谱学相似。激光器的优点是它们的调谐范围很大，并且可用于从远红外到极紫外的许多光谱区域。

典型的实验装置如图 1.3 所示。可调谐激光器的输出光束被 50% 的光束分离器 BS2 分成参考光束和穿过吸收单元的信号光束。另一个分束器 BS1 将一小部分激光束引导到具有镜面间隔 d 的长法布里–珀罗干涉仪中，该干涉仪可给出以 $\Delta v = c/(2d)$ 分开的等距频率标记。

与没有激光器的传统光谱相比，这种布置的优点可以总结如下：

（1）由于可调激光器已经是单色的，并且当激光扫描光谱时吸收线在透射激光强度 I_t 时表现为下凹，所以不需要用于波长色散的光谱仪。

（2）光谱分辨率不受任何仪器的限制，而仅受吸收谱线宽度的限制，通常由其多普勒宽度给出。即使是这个限制也可用无多普勒技术（1.1.3 节）来克服。

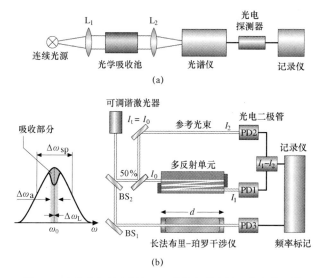

图 1.3　宽带非相干光源与可调谐单色激光的吸收光谱比较

（a）宽带非相干光源；（b）可调谐单色激光

（3）由于平行激光束的良好准直，可通过诸如具有球面镜的多路径布置来实现吸收单元的长路径长度 L（见下文）。这提高了灵敏度（因为吸收 $\Delta I = I_0 \cdot \alpha \cdot L$ 与吸收长度 L 成正比），并且允许检测吸收分子的弱转变或微小密度。

（4）激光的小线宽 $\Delta \omega_L$ 进一步提高了灵敏度。

后者的优势通常会被不合理地忽略，如下例中所示：

示例 1.1：在具有连续谱和波长选择光谱仪的常规光谱学中，光栅光谱仪可具有 $\delta v = 0.5 \ \mathrm{cm}^{-1}$ 的分辨率，而可见光中吸收线的多普勒宽度通常约为 $\Delta v_a = 0.03 \ \mathrm{cm}^{-1}$。

由此可得出，对于强度变化 ΔI 的相同吸收 $\alpha \cdot L$，其为单色辐射的 $\dfrac{1}{16}$，从而也使灵敏度降低为原来的 $\dfrac{1}{16}$。

3）调制吸收光谱

通过将激光频率 ω_L 调制到调制频率 f，可以进一步增强灵敏度，这类似于微波光谱中的情况[1.2~1.4]。入射强度可以表示为

$$I(\omega, f) = I_0[1 + \cos(\omega + a \cdot \sin(2\pi f t)t)] \qquad （1.9）$$

该频率调制可产生频率为 $\omega = \omega_L \pm n \cdot \Omega$ 的边带，其中 $\Omega = 2\pi f$。调幅 a 可能会小于或大于吸收线的线宽 $\Delta \omega_a$。我们首先分析它大于吸收跃迁线宽时的情况。在这种情况下，如果频率 ω_L 调谐到吸收线的中心 ω_0，则边带位于吸收线轮廓外。

调制光谱的实验装置（见图 1.4）可以通过如下方法实现：

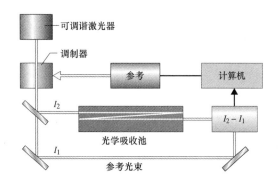

图 1.4　带一个调频可调谐激光器、一个参考光束和差分检测的吸收光谱

　　当来自可调谐激光器的激光束穿过电光调制器（这是一种晶体，其折射率与施加到晶体相对两侧电极上的电压成比例）时，光路长度周期性地改变，从而使光波相位也随其发生改变。这种相位调制导致频率调制，因为频率 $\omega = \mathrm{d}\phi/\mathrm{d}t$ 是相位 ϕ 的导数。与纯粹的频率调制不同，在这里，两个边带的相位是相反的（见图 1.5）。通过调谐到调制频率 Ω 的相敏检测器（锁定）可检测到发射强度（即载波和边带强度的总和），如果没有吸收，则测得的信号为零，因为锁定检测器测量的是载波强度 I_c 与具有相等幅值但符号相反并因此而相互抵消的两个边带 $I_\pm$ 的两个差值：$I_\mathrm{c} - I_+$ 和 $I_\mathrm{c} - I_-$。

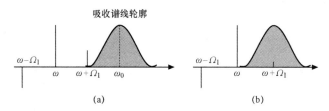

图 1.5　相位调制吸收光谱学的原理（其中调制幅度大于吸收跃迁的线宽）
（a）频率为吸收线中心 ω_0；（b）频率为 $\omega + \Omega_1$

　　然而，如果其中一个边带与吸收线重合，则该边带会衰减并且平衡受到干扰。入射强度的波动出现在载波以及边带中，因此需要在差分测量中予以消除。

　　这消除了大部分噪声，因此提高了灵敏度。当载波频率与吸收线的中心频率一致时，信号为零。由于信号在吸收跃迁的中心频率处具有过零点，因此可以非常准确地确定该频率。

　　当吸收路径长度 L 增加时，可以实现进一步的增强。这可以通过将样品放置在图 1.6 所示的光学多通配置中来实现。它由两个曲率半径为 r，间隔为 $d \approx r$ 的球面镜组成。入射激光束通过其中一个反射镜的小孔进入，被反向反射镜反射并聚焦到第一个反射镜上。经过多次往返后，光束以不同的角度通过同一个孔，从而避免背向发射到光源。反射镜上的激光束斑形成一个椭圆（见图 1.7），其角距离可通过改变反射镜间距 d 来控制。由于使用了球面镜进行聚焦，即使对于镜之间的多个通路，光斑尺寸也保持相对恒定。这可以最大限度地减少来自不同反射的重叠。这种重叠会导致随波长 λ 变化的干扰。当激光波长在感兴趣的光谱区域上调谐时，将导致扰动特征与谱线重叠。往返次数的最大值受样品吸收率和反射镜反射率 r 的限制。

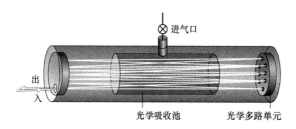

图 1.6 带有球面镜的多通路吸收池

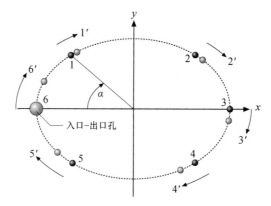

图 1.7 连续反射下镜面上的激光束斑（深色圆圈在镜子 M_2 上，浅色圆圈在镜子 M_1 上）

示例 1.2： 在镜面反射率 $r=98\%$ 的情况下，在无吸收池 N 次往返之后，透射强度下降为

$$I_t = I_0 \cdot r^{-2N} = 0.017\ 65 \cdot I_0, \quad N = 100$$

假设吸收系数 $\alpha = 10^{-5}\,\mathrm{m}^{-1}$，并且吸收路径长度为 $2NL$，则 $L = 1\,\mathrm{m}$ 时的透射强度变为

$$I_t = I_0 \cdot r^{-2N}\mathrm{e}^{-2N \cdot \alpha \cdot L} = 0.017\ 6\mathrm{e}^{-0.002}$$
$$\approx 0.017\ 65 \times 0.998 \approx 0.017\ 60$$

这表明，对于弱吸收样品来说，实际上镜面反射率才是穿过次数的限制因素，而不是样品吸收。

图 1.8 说明了增强的灵敏度，其中将 H_2O 分子的弱泛音吸收线的常规吸收测量值与通过调制技术获得的信号相比较。灵敏度的提高量达到两个数量级。

如果调制幅度小于吸收谱线宽度，就有图 1.9 所示的情况。调谐到调制频率的锁定检测器测量吸收分布的导数。从式（1.4）可得到，在 $\alpha L \leqslant 1$ 的情况下，

$$\frac{d\alpha}{d\omega} = -\frac{1}{LI_0}\frac{dI_t}{d\omega} \qquad (1.10)$$

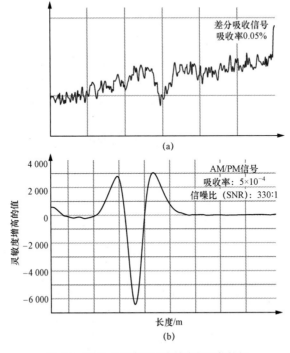

图 1.8　H_2O 分子中弱泛音转变的吸收特征

（a）用传统的未调制吸收光谱测量；（b）用相位调制（PM）激光和差值检测

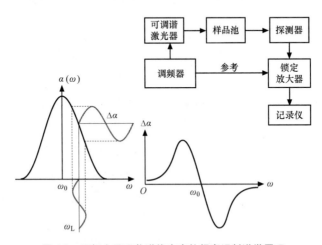

图 1.9　调幅小于吸收谱线宽度的频率调制谱学原理

插入调制后的激光频率

$$\Omega_L = \omega_0[1 + \alpha \cdot \sin(\Omega t)] \qquad (1.11)$$

得到泰勒展开式

$$I_t(\omega) = I_t(\omega_0) + \sum_n \frac{\alpha^n}{n!} \sin^n(\Omega t) \left(\frac{d^n I_t}{d\omega^n}\right)_{\omega_0} \tag{1.12}$$

根据三角关系，$\sin^n(\Omega T)$ 可以用 $\sin(n\Omega t)$ 和 $\cos(n\Omega t)$ 的线性组合代替。根据它们的谐波频率 $n\Omega$ 对不同的项进行排序，可以得到以下结果：

$$\frac{\Delta I}{I_0} \approx -\alpha L \left[C + \left(\frac{d\alpha}{d\omega}\right)_{\omega_0} \sin(\Omega t) - \frac{\alpha}{4}\left(\frac{d^2\alpha}{d\omega^2}\right)_{\omega_0} \cos(2\Omega t) - \frac{d^2}{24}\left(\frac{d^3\alpha}{d\omega^3}\right)_{\omega_0} \sin(3\Omega t) + \cdots \right]$$

$$(1.13)$$

这意味着，如果锁定检测器调谐到调制频率 Ω 的谐波 $n\Omega$，则可以获得吸收曲线的 n 阶导数。

图 1.10 显示了前三个谐波的测量曲线。由于技术噪声通常随着频率的增加而降低，所以在高次谐波下的测量通常会产生更高的信噪比[1.3~1.5]。

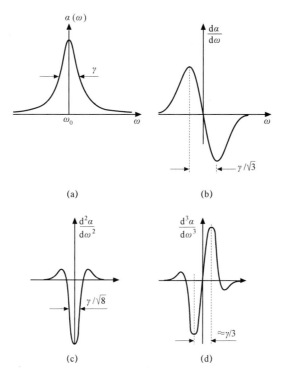

图 1.10　$\alpha(\omega)$ 时吸收线的信号分布以及测得的其前三阶导数

（a）$\alpha(\omega)$；（b）一阶；（c）二阶；（d）三阶

3. 光声光谱和光热光谱

在到目前为止所讨论的吸收光谱技术中，吸收是作为透射和入射强度之间的差异来被检测的。对于小吸收，必须测量两个大量的微小差异，当然，这比直接测量吸收的辐射功率的噪声大。这可以通过将要讨论的几种技术来实现。它们通常基于将吸收的光子能量转换为热量，并且监测由吸收样品温度升高而引起的不同效应。我们从光声光谱开始加以介绍[1.6]。

一个体积为 V 的吸收池可能含有 $N = nV$ 吸收分子，这些吸收分子可以通过吸收光子 hv 被激发到能级 $E_i = E_k + hv$（见图 1.11）。如果被激发的分子与吸收池中的其他原子或分子碰撞，则它可以将其激发能量转化为碰撞对的平移能量或内部能量。如果 N_1 分子被激发并将它们的激发能量转移到吸收池中自由度为 f 的 N 分子，则每个粒子的能量 $E = (f/2) kT$ 增加并且气体的温度上升 ΔT，即

$$\Delta T = \frac{N_1}{N} h \frac{v}{fk} \tag{1.14}$$

对于闭合的吸收池，分子总数 N 是恒定的。温升因此会增加气体压力 $p = nkT$，即

$$\Delta p = n \cdot k \cdot \Delta T = \frac{N_1}{V} \frac{hv}{k} \tag{1.15}$$

吸收光子的能量被转换成动能，导致压力升高 Δp。

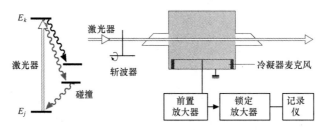

图 1.11　光声光谱学原理

到目前为止，我们忽略了激发能级的辐射衰减。如果发射的荧光光子未在吸收池内被吸收，则其能量不会转化为压力增加。若获得通过碰撞引起的辐射跃迁率 R_r 和非辐射率 R_{nr}，则量子效率为

$$\eta = \frac{R_r}{R_r + R_{nr}} = \frac{1}{1 + \tau_r / \tau_{nr}} \tag{1.16}$$

传递的能量减少了 ΔE，即

$$\Delta E = N_1 (1 - \eta) \cdot h \cdot v = N_1 \cdot h \cdot v \cdot \frac{\tau_{rad}}{\tau_{rad} + \tau_{nr}} \tag{1.17}$$

能量转换随着辐射寿命与激发能级的碰撞失活时间之比 τ_{rad}/τ_{coll} 增加。

如果激励激光束以小于反向传输时间（$1/\tau_{coll} + 1/\tau_{rad}$）的频率 f 被斩波，则吸收池中的压力在频率 f 下被调制。吸收池侧壁上的敏感麦克风可检测到表现为声波的这些压力变化。当斩波频率被选择为与吸收池的声学本征共振一一致时，就会产

生驻波，其具有取决于吸收池声学品质因数 Q 并且比非谐振情况高得多的振幅。

这种技术相当灵敏，因为声波谐振器起着放大器的作用，并将从受激分子转换而来的能量存储在常驻声波中一段时间 $T_r \propto Q$。例如，图 1.12 显示了乙炔中极弱的泛音频带的光声谱，其具有不同的旋转线[1.7]。由于吸收的光子能量被转换成声能，这种方法被称为光声光谱。

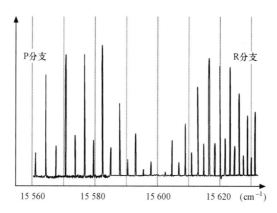

图 1.12 用光声光谱法测量乙炔（C_2H_2）在振动倍频过渡中的旋转线（根据文献 [1.5]）

当声音吸收池在光学多路吸收池内时，灵敏度可以进一步提高（见图 1.13）。具有球面镜的该吸收池内的激光束可形成双曲面并在声学吸收池中的某些位置处激发成声驻波，声驻波在这些位置上具有最大振幅，这优化了激发分子到声模能量转换的转换效率。

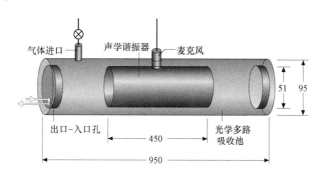

图 1.13 在光学多通道吸收池内放置的声学谐振吸收池中的光声光谱

该技术也可应用于薄膜或固体和液体表面的研究。吸收的入射辐射引起导致热变形的局部加热。变形可以用弱探测激光束来检测，该激光束以相对于表面法线的角度 α 入射到表面上。对于平坦的表面，反射角也是 α。但是，如果表面因局部加热而变形，则局部表面法线倾斜，因此反射角度发生变化（见图 1.14）[1.8]。当表面被脉冲激光加热并聚焦在表面上时，CW 探测激光器的反射角的变化可以作为时间的函数来监测。这给出了从局部点到周围热量传递的时间常数的量度。

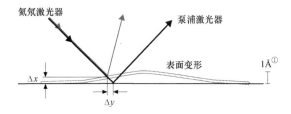

图 1.14 由激光脉冲局部加热引起的表面变形的时间分辨测量（根据文献［1.6］）

在脉冲或调制加热激光时，会产生热波，将热量从激光焦点处的局部热源传递出去。在脉冲加热之后，距离热源 x 处的温度在一段时间内达到其最大值

$$\Delta t = \left(\rho \cdot \frac{c}{2} k \right) x^2 \qquad （1.18）$$

式中，ρ 为密度；c 为比热；k 为样品材料的热导率。根据热扩散长度

$$x = D = \left(\frac{k}{\pi} c \rho f \right)^{1/2} \qquad （1.19）$$

频率 f 处调制热源产生的热波振幅已减小到 $A_0 \cdot e^{-2\pi} \approx 2 \times 10^{-3} A_0$。

这种热波的测量可以确定样品的热导率。图 1.15 显示了一个可能的实验配置。透过样品的温度波可以用红外探测器进行监测。该检测器的时间常数限制了时间分辨率。在正弦调制热源的情况下，检测到的信号也被调制，但显示出相位滞后，这是热波产生和到达之间的时间延迟的一个量度[1.8~1.10]。

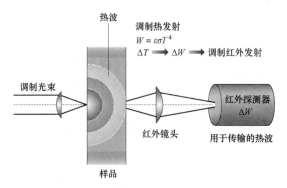

图 1.15 测量由吸收调制激光束而在薄金属片中产生的热波（根据文献［1.7］）

4. 光电流光谱

对于高能级原子、分子或离子的光谱学来说，可以很方便地利用气体放电，因为在这里有很多这一能级的原子、分子或离子会被电子撞击而继续增加，特别是在长寿命的亚稳态能级下。放电阻抗取决于带电载流子的数量，即电子和离子，载流子是由中性物质激发能级的电子碰撞电离产生的。如果这些激发能级的粒子数量发

---

① 1 Å = 10^{-10} m。

生变化，例如通过吸收光子，则电子密度将发生变化，从而导致放电阻抗。如果放电在恒定电压的电源下通过镇流电阻 R 进行馈送，则阻抗变化会引起放电电流和电阻 R 两端电压降的相应变化。这就是光电电子光谱学的基础[1.11]。

实验配置如图 1.16 所示。用可调谐激光器（染料激光器或半导体激光器）的斩波输出光束照射放电管（其可以是空心阴极放电或通过毛细管放电，例如，用于氦氖激光器或氩离子激光器的放电管）。这导致放电电流在斩波频率 f 处的调制 Δi 以及镇流电阻 R 两端的对应电压调制 $\Delta U = R \cdot \Delta i$，电阻通过电容 C 耦合到锁定放大器上并由计算机记录。如果激光波长被调整到 $E_i \rightarrow E_k$ 的跃迁，两个能级的粒子数由于激光诱导的跃迁而改变了：

$$Dn_i = n_{i_0} - n_{i_L}; \quad \Delta n_k = n_{k_0} - n_{k_L} \tag{1.20}$$

那么相应的电压就变化为

$$\Delta V = R\Delta i = a[\Delta n_i \mathrm{IP}(E_i) - \Delta n_k \mathrm{IP}(E_k)] \tag{1.21}$$

式中，IP（E_i）是能级 E_i 的电离概率。

光电信号可能是正值或负值，取决于等级 E_i 和 E_k 的不同电离概率。

大多数气体放电管充满惰性气体。但是，如果惰性气体与其他不稳定成分混合，则其光谱也可以通过该技术进行测量。

甚至可以将分子嵌入放电管中。由于一些分子可能被电子撞击碎裂，母分子的光谱和它们的碎片重叠，并且测定可能很困难[1.12,1.13]。

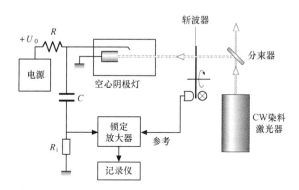

图 1.16　在空心阴极放电中光电学光谱的布置示意图

在空心阴极放电时，撞击在空心阴极内壁上的离子通过溅射过程释放出壁材料的原子和离子。随着放电电流的增加，这些溅射材料的光谱变得越来越突出。如图 1.17 所示，其中显示了在空心阴极放电中测量的铝、铜和铁的光电光谱。

光电信号的强度和时间特性的研究给出了高激发能级的辐射衰变常数与电子碰撞激发和电离的碰撞截面的信息。这些参数对于理解等离子体特性很重要。

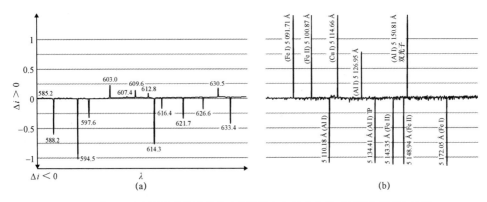

图 1.17　用不同金属混合物覆盖的空心阴极的氩气放电光谱（根据文献［1.10］）
（a）放电电流小时光谱较少；（b）放电电流大时光谱变多

5. 电离光谱学

最灵敏的检测技术是电离光谱。在这种情况下，激光器通过感兴趣的频谱进行调谐，并且对于每个吸收转变都激发到选定的较高能级。这个激发能级被第二个激光电离（见图 1.18）。如果第二激光强度足够大，则电离跃迁可以是饱和的，这意味着每个激发的分子在发射荧光光子之前被电离，或者被碰撞失活。离子可以通过电场收集，加速并成像到开放式离子倍增器的阴极上。这是一款与光电倍增器非常相似的设备。只有光电阴极被金属阴极所取代，其中的离子通过离子轰击以几 keV 的能量撞击产生电子。这些电子进一步加速并像光电倍增器一样倍增。

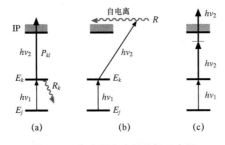

图 1.18　多光子电离的能级示意图
（a）共振双光子电离；（b）自电离里德堡态的激发；
（c）由第三光子激发的能级中的分子非共振双光子电离

通过离子收集系统的优化设计，通过第二个激光器光电离产生的每个离子可以成像到离子倍增器上，并在倍增器输出端产生一个可以计数的电压脉冲。

如果通过感兴趣的光谱区域对波长为 λ_1 的第一激光器进行调谐并且第二激光器具有固定的波长 λ_2，则测量的离子率 $N_{ion}(\lambda_1)$ 基本上给出了从吸收能级转变到激光 L_1 激发的激活能级的吸收光谱 $\alpha(\lambda_1)$。然而，该方法的灵敏度比吸收光谱法高几个数量级，吸收光谱法用于监测透射激光强度的衰减。

在有利的情况下，可以检测到单个原子或分子[1.14,1.15]。

在电离激光的光子通量为 $\dot{N}_{L_2}$ 的情况下，每秒产生的离子数量为

$$\dot{N}_{ion} = n_k V \sum_{kl} \dot{N}_{L_2} \qquad (1.22)$$

式中，n_k 是电离激光束内部体积 V 中激发能级 $\langle k|$ 的稳态粒子数密度，从电离激光束中可以提取出离子。

激光 L_1 激发和粒子数减少过程之间的平衡决定了 $|k\rangle$ 能级分子的稳态密度 n_k。如果 $R_k + P_{kI}$ 是激发能级 $|k\rangle$ 的总弛豫概率，可以得到

$$\dot{n}_k = 0 = n_i \dot{N}_{L_1} \sum_{ik} - n_k (P_{kI} + R_k)$$

即

$$n_k = n_i \frac{\dot{N}_{L_1} \sum_{ik}}{P_{kI} + R_k} \qquad (1.23)$$

式中，$P_{kI} = \sigma_{kI} \cdot N_{L_2}$ 是激光 L_1 的电离概率。

在离子产率 $\eta = P_{kI}/(P_{kI} + R_k)$ 的情况下，下式给出了测量的离子率：

$$S = \delta \dot{N}_{ion} = n_i \dot{N}_{L_1} \dot{N}_{L_2} V \frac{\sum_{ik} \sum_{kl}}{P_{kI} + R_k} \qquad (1.24)$$

式中，δ 是检测器上离子的收集效率。

有关这种敏感技术的更多信息可以在文献［1.14，1.15］中找到。

6. 通过荧光检测激发光谱

激发能级发射的总荧光强度可以作为激发激光器波长 λ 的函数来测量（不通过分光计散射）（见图 1.19）。如果忽略激发能级的其他失活过程（例如碰撞引起的辐射跃迁），则每个被吸收的光子都会产生荧光光子。这种激发光谱学是吸收光谱学的一个非常灵敏的版本，这从以下评估中可以看出。

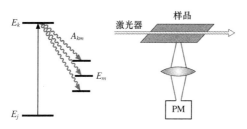

图 1.19　激发光谱的能级图示和实验装置（其中未分散的激光诱导荧光作为激发波长的函数被测量；PM 为光电倍增管）

在光电倍增管阴极上成像的荧光光子每秒产生 n_{pe} 光电子。利用光电阴极的量子效率 $\eta_{ph} = N_{pe}/N_{fl}$，激光光子吸收率 N_a，荧光量子产率 $\eta_{fl} = N_{fl}/N_a$，荧光光子在光阴极上的几何收集效率 δ，测量的光电子速率可通过下式求出：

$$S = N_{pe} = N_a \cdot \eta_{fl} \cdot \eta_{ph} \cdot \delta \qquad (1.25)$$

吸收率

$$N_a = n_i \cdot \sigma_{ik} \cdot N_L \cdot A \cdot \Delta x \qquad (1.26)$$

N_a 取决于激发体积 $V = A \cdot \Delta x$ 内吸收级 $\langle i|$ 中的分子数密度 n_i、吸收截面 σ_{ik}、每平方厘米面积上每秒入射的激光光子的数量 N_L 和到吸收路径长度 Δx 的样品上具有横截面 A 的激光束。

荧光光子的收集效率 δ 可通过椭圆反射镜排列来扩大（见图 1.20）。当激光和分子束的交叉点体积 V 位于椭圆体的一个焦点 A 的周围时，荧光被成像到第二焦点 B 处，在第二焦点 B 处光纤束直接将其透射到光电倍增管或光谱仪的入口狭缝处。

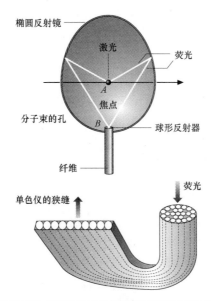

图 1.20　可有效收集荧光光子的带有椭圆镜和光纤束的光学装置

示例 1.3：在乘数光电阴极的量子效率 $\eta_{ph} = 0.2$，收集效率 $\delta = 0.1$ 的情况下，要求荧光的收集光学器件，其覆盖 0.4π 的立体角，激发能级的荧光产额 $\eta_k = 1$ 和激光器光子通量 $N_L = 3 \times 10^{18}/s$，其对应于在 $\lambda = 500\,nm$ 处的 1 W 的激光功率，吸收率 $N_a = 10^4/s$（这意味着相对吸收率为 $\Delta I_L/I_L = 3 \times 10^{-15}$）。得出光电子速率为 $N_{pe} = 200/s$。如果光电倍增管的暗电流为 $N_{pe}(0) = 50/s$，则信号与背景的比值为 4，这表明仍然可以检测到小于 10^{-15} 相对吸收率。与任何直接吸收测量相比，这体现了更高的灵敏度。

7. 腔内吸收

当吸收样品放置在激光腔内时可以大幅提高灵敏度[1.16,1.17]。敏感度的提高有几个原因：

（1）当谐振腔反射镜具有透射率 $T_1=0$ 和 $T_2>0$ 时，腔内的辐射强度比外界大 $q=1/T_2$ 倍，因此可将吸收的光子数乘以 q。这个优点与多通道单元非常相似。观察由共振器内激发的原子或分子发出的激光诱导的荧光（见图1.21），从而产生与吸收的光子数成比例的较大信号。

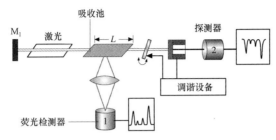

图 1.21　通过激光诱导荧光或激光输出功率来监测腔内吸收装置

（2）激光器的输出功率取决于激活介质的增益和激光腔内的损耗。因此，吸收物质造成的额外损失会降低输出功率。如果激光器在激光阈值以上工作（见图1.22），则这种影响特别强烈。在平稳条件下，粒子数反转饱和到一个值，即饱和增益

$$g_s = \frac{g_0}{1+I/I_s} = \frac{g_0}{1+P/P_s} = \gamma \tag{1.27}$$

正好等于总损耗。在这种情况下，g_0 为不饱和增益，I_s 是饱和强度（见1.3.1节），其将粒子数反转减少到其不饱和值的一半。

通过下式可求出激光输出功率：

$$P = P_s \frac{g_0 - \gamma}{\gamma} \tag{1.28}$$

如果吸收池引入额外的损耗，则激光功率下降到

$$P_a = P - \Delta P = P_s \frac{g_0 - \gamma - \Delta\gamma}{\gamma + \Delta\gamma} \tag{1.29}$$

那么输出功率的相对变化为

$$\frac{\Delta P}{P} = \frac{P - P_a}{P} = \frac{g_0 \Delta\gamma}{(g_0 - \gamma)(\gamma + \Delta\gamma)}$$

$$\approx \frac{g_0}{\gamma} \frac{\Delta\gamma}{g_0 - \gamma} (\Delta\gamma \ll \gamma) \tag{1.30}$$

与长度为 L 的吸收单元在激光谐振器外部的单程吸收 $\Delta P = P \cdot \alpha \cdot L$ 相比，$\Delta\gamma = \alpha \cdot L$ 时，灵敏度增强为

$$Q = \frac{g_0}{\gamma(g_0 - \gamma)} \tag{1.31}$$

刚好超过阈值 g_0 的情况下，只比 γ 略大，而 Q 变得非常大。

然而，越接近阈值，则激光输出功率越不稳定。因此，可达到的信噪比有一个上限。

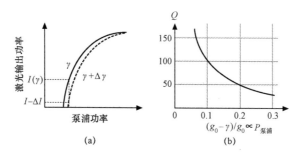

图 1.22　泵浦功率及其增强因子

（a）激光输出功率作为泵浦功率的函数，在激光腔内有或没有吸收样品；

（b）作为高于阈值的泵浦功率的函数的增强因子 Q

（3）腔内吸收最敏感的技术是基于多模激光，其中不同模式之间的耦合对于高灵敏度是必不可少的。这可以理解如下：

假设其中一个振荡激光模式与腔内样品的吸收线重合。然后降低此模式下的功率，此模式会使增益介质的饱和度下降。相邻的激光模式，比饱和线宽更接近吸收模式，可以利用粒子数反转和增益强度的下降，反过来降低了较弱吸收模式的增益，并进一步削弱其功率。这种模式耦合可以导致吸收模式的完全消失。这意味着，微小的吸收会导致吸收模式的强度发生剧烈变化。

更详细的计算说明了现在输出功率的相对变化：

$$\frac{\Delta P}{P} = \frac{g_0 \Delta \gamma}{\gamma(g_0 - \gamma)}(1 + KM) \qquad (1.32)$$

式中，M 是耦合激光模的数量；K（$0 \leqslant K \leqslant 1$）是耦合强度的量度。对于 $K=0$，我们获得与单模激光器相同的结果，而对于 $K=1$ 和大量 M 种耦合模式，灵敏度的增加是明显的。

在实际激光器中，由于染料激光器的液体增益介质中的热不稳定性或折射率的波动，模式耦合和模式频率会随时间波动，这会引入额外的噪声并降低灵敏度。因此，最好用泵浦激光器，泵浦激光器的输出功率遵循阶跃函数，该阶跃函数从时间 $t=0$ 开始，然后保持恒定。在时间 t 内测量腔内吸收，其中 $0 \leqslant t \leqslant t_m$ 小于平均模式寿命 t_m。实验装置如图 1.23 所示[1.18]。CW 宽带染料激光器由氩激光器泵浦，其输出可由声光调制器 AOM 1 切换。通过反射镜 M_0 的激光输出由 AOM 2 切换，由 CCD 阵列分光仪分光并由计算机监控。

随着时间的推移，光谱吸收分布变得更深和更窄，直到它们达到光谱仪的光谱分辨率。

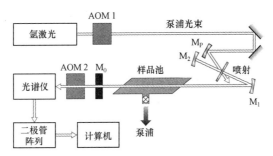

图 1.23　具有阶跃函数泵浦功率和用于检测透射染料
激光输出的可变延迟的腔内激光光谱的实验装置

通过这种技术达到的最大有效吸收长度为

$$L_{\text{eff}} = c \cdot t_{\max} \tag{1.33}$$

式中，c 为光速；$t_{\max}$ 为最大观察时间。

示例 1.4：在典型的延迟时间 $t_{\max} = 100\,\mu s$ 时，有效吸收长度变为 $L_{\text{eff}} = 3 \times 10^8 \times 10^{-4}\ m = 30\ km$。如果仍然可以检测到 1% 的分散输出功率下的吸收下降，那么对于 $\alpha_{\min} = 3 \times 10^{-9}$ 的吸收系数给出了灵敏度极限[1.19]。

除了将吸收样品放置在激光谐振器之中外，也可以使用外部增强谐振器。在这里，可以通过高反射镜获得更高的精细度。这样可增加通过吸收样品的有效路径长度，从而增加了灵敏度。

这种增强腔对于 CW 激光器的光学倍频特别有用。为了减少反射面的数量（其总是会带来吸收损耗），图 1.24 中的环形谐振器借助具有可忽略不计的反射损耗的布儒斯特棱镜将反射镜的数量减少到两个。它的缺点是散光，这是这种几何形状无法消除的。有更复杂的设计[1.20]，这种设计可以弥补大部分成像误差。

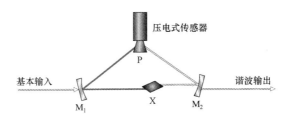

图 1.24　用于光学倍频的增强腔

1.1.1　吸收和发射光谱学和激光诱导荧光

到目前为止，我们主要讨论了不同的吸收光谱技术。在等离子体物理学中，由激发能级原子或分子发射的辐射光谱，尤其在天体物理学中起着重要作用，其中从恒星发射或由行星反射的辐射是有关外星天体的主要信息源。

发射光谱需要足够多的激发态，还需要用于测量光谱（即发射线的波长、强度、线轮廓和偏振度）的色散仪器。

　　如果温度足够高（例如在恒星的大气中），或者通过气体放电中的电子撞击，激发态可以通过热碰撞来扩大。这些机制通常存在于多个能级上，因此发射光谱相当复杂。光谱分辨率受分散仪器的限制，可达到 0.1～0.01 nm 的光栅分光计，而通过干涉仪可以看到发射线的多普勒宽度。

　　如果可以选择性地激发单个高能级，那么光谱将变得更加简单。在很多情况下，可以使用单模激光器进行激发，并测量由这个单一能级发射的荧光光谱。一个典型的实验装置如图 1.25 所示。由该激发能级发射的荧光光谱被光谱仪分散，荧光线由光电倍增管或 CCD 阵列记录。如果荧光是从双原子分子的单个高旋转振动能级（v'，J'）发射的，则允许的跃迁代表一个相对简单的振动级数，其中每个振动带只有一条或两条旋转线（见图 1.23）。通过这些振动带的相对强度可以确定弗兰克－康登（Franck－Condon）因子。这种激光诱导荧光光谱确实比来自气体放电的发射光谱简单得多，其中许多较高的能级被扩大，并且总荧光是不同较高能级发射的所有荧光系列的叠加。

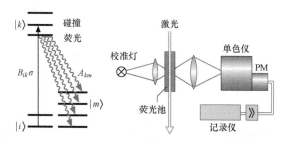

图 1.25　用波长校准测量分散的激光诱导荧光光谱

　　荧光线的波数等于较高能级和终止较低能级项值之间的差值。如果所有谱线的上限水平相同，则荧光谱线的分离只会给出较低能级中各个能级之间的能量差异（见图 1.26）。振动间距产生较低电子状态的振动常数，旋转间隔产生旋转常数以及它们与振动能级的相关性。如果跃迁至电子基态的高振动能级的弗兰克－康登（Franck－Condon）因子足够大（这取决于激发的较高振动能级），那么可以测量电子基态中解离能以下的振动能级。这可以非常精确地确定电位曲线[1.21,1.22]。

　　只有在线宽范围内没有吸收线重叠的情况下，才可以选择激发单个较高能级。对于气室中的激励，谱宽一般受多普勒宽度限制。在较高温度下，电子基态中的许多能级都是热填充的，这导致更高的吸收线密度，并且通常不同线之间的平均距离小于多普勒宽度。在这种情况下，即使使用单模激光器，也会激发几个高能级。然而，即使这样，所得到的荧光光谱仍然要比气体放电的发射谱简单。

　　这个问题可以通过准直冷分子束中的激光激发来克服，其中多普勒宽度大大降低，并且由于在从储存器通过喷嘴扩展到真空室期间绝热冷却，温度会下降。

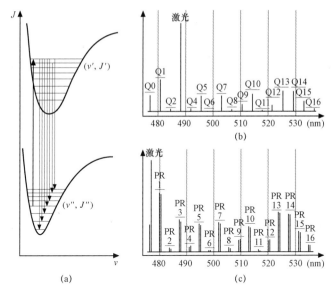

图 1.26　Na₂ 分子的两种不同选择性激发的上层激光诱导荧光光谱

（a）$v–J$ 曲线；（b）$B^1\pi_u$ 态下 $v' = 3$，$J' = 43$；（c）$v' = 6$，$J' = 27$

激光诱导荧光光谱已被证明对于激发态下进行非弹性碰撞研究非常有用。这些碰撞可将初始粒子从选择性激发能级 $|k\rangle$ 转移到相邻的旋转振动能级 $|j\rangle$。从这些能级发出的荧光是转移概率的一个直接量度。如果已知碰撞对的密度，则可从比值 $I_{fl}(j)/I_{fl}(k)$ 中得出各个跃迁的碰撞截面。对于这样的测量，荧光必须由光谱仪分散以分离从不同能级发射的荧光。

1.1.2　分子束中的激光光谱学

激光光谱与分子束技术的结合带来了大量的新信息[1.23]。第一个优点是，当激光束与分子束垂直交叉时，准直分子束的多普勒宽度可能会降低。由于准直，平行于激光束的分子的速度分量也大大降低。这种线宽减少使得可以在原子或分子光谱中分辨出更细的细节。

第二个优点是超声速束的温度急剧降低，束中分子从其储存器在高压下通过窄喷嘴膨胀到真空室期间的绝热冷却将温度为 T_0 的热平衡气体转换成分子的定向流动，这些分子以流速 u 左右的平行速度狭窄扩散。通过膨胀期间的碰撞，平移温度的这种下降可部分转移成旋转和振动自由度，并且粒子分布被压缩成最低的振动旋转状态。尽管可能没有严格的热平衡，但旋转分布以及振动分布可以近似为 Maxwell – Boltzmann 分布，并且可以归因于温度。典型值为 $T_{trans} = 0.1\sim1\,\text{K}$，$T_{rot} = 1\sim10\,\text{K}$ 和 $T_{vib} = 10\sim100\,\text{K}$，这取决于储存器中的压力、喷嘴直径和特定分子。这种将粒子总体分布降低到最低能级会强烈简化吸收光谱，并大大有助于赋值[1.24~1.26]。

第三个优点是可以将激光光谱应用于交叉分子束碰撞过程的研究中。特别是在态－态非弹性或反应性碰撞实验中，激光可以制备碰撞对的初始状态并检测它们的最终状态。因此，可以获得关于交互势及其与碰撞对之间的距离和它们的相对取向关系的最大信息。

1. 多普勒宽度的减少

在很多情况下，光谱分辨率受吸收线多普勒宽度的限制。这种限制常常会阻止对谱图中更精细细节的识别，例如超精细分裂、弱外场中的塞曼分裂或分子光谱中的旋转结构。这就要求使用能够克服多普勒宽度设定限制的无多普勒技术，以便从原子或分子光谱中获得全部信息。

减少多普勒宽度的一个更好的方法是减小准直分子束中原子或分子的速度分布（见图 1.27）。

从储存器通过小孔 A 流入真空室的分子必须通过距离分子束下游 d 处具有宽度 b 的狭缝，以便达到与激光束相互作用的区域。如果选择分子束轴作为 z 轴，沿着 y 方向的狭缝，穿过窄缝的分子 v_x 分量被下列几何因素减少至

$$v_x \leqslant [b/(2d)] \cdot v = v_z \cdot \tan \varepsilon \qquad (1.34)$$

式中，$v = (8kT/(\pi m))^{1/2}$ 是储存器温度为 T 时质量为 m 的粒子平均速度；v_z 是平行于光轴的速度分量；ε 是准直角，其中，$\tan \varepsilon = b/(2d)$。

如果可调谐单模激光束在狭缝后面沿 x 方向（即垂直于分子束轴）与分子束相交，则只有窄小间隔 $v_x \leqslant [b/(2d)] \cdot v$ 中的分子可能被吸收，这意味着与其在热平衡气体中的多普勒宽度相比，吸收线的宽度减小 Δv。

示例 1.5：当 $b = 1$ mm，$d = 100$ mm 时，$\tan \varepsilon = 5 \times 10^{-3}$。在光学范围内，相对于 $\Delta v_D = 1$ GHz 的典型多普勒宽度，线宽现在降低了 200 倍至 $\Delta v_D^{red} = 5$ MHz。这已经在自然线宽范围内了。

可以从区间 dv 内速度 v 的束中的分子密度开始进行定量计算：

$$n(V, r, \Theta)dV = \varphi_i \frac{\cos \Theta}{r^2} nv^2 e^{-(v/v_p)^2} dv \qquad (1.35)$$

其中，通过归一化因子 $C = (4/\sqrt{\pi})/v_p^3$ 可确保分子的总密度 n 为

$$n = \int n(v)dv \qquad (1.36)$$

且 $v_p = (2kT/m)^{1/2}$ 是最可能速度。吸收系数的光谱分布为

$$\alpha(\omega, x) = \int n(v_x, x) \sum (\omega, v_x)dv_x \qquad (1.37)$$

式中，$v_x = (x/r)v \Rightarrow dv_x = (x/r)dv$ 且 $\cos \Theta = z/r$（见图 1.27（b）），我们可从式（1.35）推导出分子密度，即

$$n(v_x, x)dv_x = \varphi n \frac{z}{x^3} v_x^2 \exp\left[-\left(\frac{rv_x}{xv_p}\right)^2\right]dv_x \qquad (1.38)$$

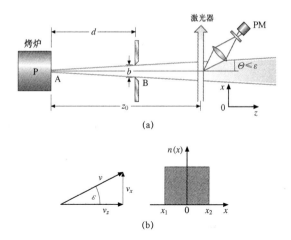

图 1.27　多普勒宽度减小下准直分子束中的激光光谱（PM 为光电倍增管）

（a）多普勒减宽示意图；（b）分子束函数关系图

吸收截面 $\sigma(\omega, v_x)$ 是洛伦兹曲线，以 $k \cdot v_x$ 进行多普勒频移：

$$\sigma(\omega, v_x) = \sum_0 \frac{(\gamma/2)^2}{(\omega - \omega_0 - kv_x)^2 + (\gamma/2)^2} \tag{1.39}$$

将式（1.38）和式（1.39）以及宽度 $\mathrm{d}v_x = \mathrm{d}\omega/k$ 代入式（1.37），则可得出吸收系数的光谱曲线

$$\alpha(\omega) = \varphi \int_{-\infty}^{+\infty} \frac{\mathrm{e}^{-\left(\frac{\omega - \omega_0'}{\omega_0' v_p \sin(\varepsilon/c)}\right)^2}}{(\omega - \omega_0')^2 + (\gamma/2)^2} \, \mathrm{d}\omega_0' \tag{1.40}$$

其中，$\omega_0' = \omega_0(1 + v_x/c)$。

这是洛伦兹光谱线型和高斯光谱线型的卷积，被称为 Voigt 光谱线型。高斯光谱线型具有宽度 $\Delta\omega_D \cdot \sin\varepsilon$，其相对于热平衡下气体中的多普勒宽度，降低为它的 $\dfrac{1}{\sin\varepsilon}$。

高分辨吸收光谱可以通过监测与激光波长（激发光谱）成函数关系的总荧光强度 $I_{fl}(\lambda_L)$ 或者通过共振双光子电离来测量，其中通过电场将离子从分子束和激光束的交互空间汲取到离子倍增器上。图 1.28 示出了一个典型的实验布置。在这里，分子束与几束激光束相交。在第一个交叉点中，激光诱导的荧光被收集到两侧。

光电倍增管 PM1 测量总荧光，而单色仪后面的 PM2 监测固定激发激光波长的分散荧光。

分子束与两束叠加激光束之间的第二个交叉点位于质谱仪的离子源中。第一个激光器激发分子进入中间能级 $|i\rangle$，第二个 CW 氪激光器将它们从该 $|i\rangle$ 状态带入恰好在电离阈值之上的能态。这种共振双光子电离非常有效地产生同位素选择性离子，

或者在团簇束的情况下选择用于电离的特定簇大小。如果存在许多不同的质量（例如，同位素或团簇束中的不同簇大小），这对于谱的分配是非常有用的。

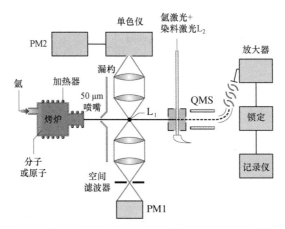

图 1.28　具有与激光束不同交叉点的分子束装置（可用于测量未分散的和分散的激光诱导荧光，以及由共振双光子电离产生的离子和随后通过四极质谱仪（QMS）进行的质量选择）

为了说明可得到的光谱分辨率，图 1.29 显示了 Na_2 分子从 $X_1\Sigma_g$ 基态到混合 $A^1\Sigma_u - a^3\Pi_u$ 的电子跃迁中的旋转跃迁（ $j' \leftarrow j'''$ ）的超精细结构，其中两个状态通过自旋轨道耦合器耦合[1.27]。

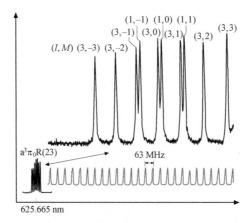

图 1.29　Na_2 分子中旋转跃迁的超精细解析结构（HFS）
（在准直分子束中测量所得（根据文献 [1.17]））

2. 分子束中光热光谱

由激发能量传递引起的温度增加也可以通过电导率随温度的变化来监测。这被用于辐射热测量计中，它是由具有电导率为 $\sigma = \sigma_0 (1 + \alpha(T))$ 的高温度系数为 α 的材料制成的检测器。通常使用掺杂的半导体材料。系数 α 随温度下降而降低。因此，辐射热测量计一般在低温下运行，例如，在 $T = 1.5\,\mathrm{K}$ 时，这可以通过在氦低温恒温器中蒸发 ^{4}He 来实现。甚至可以通过一个 ^{3}He^{4}He 稀释制冷机获得更低的温度。

吸收光子（在这种情况下，辐射热测量仪充当辐射探测器）或辐射热测量计表面吸附激发的原子或分子可引起温度上升。在这里将它们的激发能量传递给辐射热测量计。

分子束中的分子光谱的典型布置如图 1.30[1.28]所示。

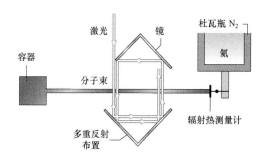

图 1.30　激光激发并通过冷辐射热测量仪检测的分子束中的光热光谱

分子束与一个单模激光束垂直相交，激光束将分子激发到长寿命的较高状态（例如，电子基态中或长辐射寿命里德伯态中的激发振动能级）。

在激发能量为 $\Delta E = h\nu$ 的情况下，每秒 N 个分子的传热速率是

$$\frac{\mathrm{d}Q}{\mathrm{d}t} = N \cdot \Delta E = Nh\nu \tag{1.41}$$

这可导致热容为 C 的辐射热测量计温度增加 $\Delta T = T - T_0$，并且在没有分子撞击辐射热测量计下从温度 T_0 到温度 T 时会向周围传热 $G \cdot (T - T_0)$，其可通过以下的能量守恒定律得出：

$$P = N \cdot h \cdot \nu = C \cdot \left(\frac{\mathrm{d}T}{\mathrm{d}t}\right) + G \cdot (T - T_0) \tag{1.42}$$

其中，入射功率等于辐射热测量计每秒的热能增加量和传导到周围的功率。在静止条件下（$\mathrm{d}T/\mathrm{d}t = 0$），可通过式（1.42）得到温升，即

$$\Delta T = T - T_0 = N \cdot h \cdot \frac{\nu}{G} \tag{1.43}$$

为了提高辐射热测量计的灵敏度，周围的热传导应尽可能小，即辐射热测量计必须是绝热的。

为了减去基态下分子吸附引起的背景信号，激发激光在频率 f 下被斩波，并通过锁定放大器检测光热信号。现在，转移到辐射热测量计的能量是与时间相关的。辐射热测量计的时间常数应短于斩波周期。

时间常数取决于热容 C 和热导率 G。这可以看作是，假定传递的功率为

$$P = P_0[1 + a\cos(\Omega t)]$$

其中，$a \leqslant 1$ 且 $\Omega = 2\pi f$。 （1.44）

将上式代入式（1.42）中，可得出

$$T(\Omega) = T_0 + \Delta T[1 + \cos(\Omega t + \phi)]$$ （1.45）

温度 T 以相同的频率 Ω 调制，但是显示出针对取决于热容 C、热导率 G 和频率 Ω 的调制入射功率的相位滞后 ϕ，其中

$$\tan\phi = \Omega \cdot \frac{C}{G}$$ （1.46）

温度调制的幅度 ΔT 为

$$\Delta T = \frac{\overline{a}P_0 \sum}{\sqrt{\sum^2 + \Omega^2 P^2}}$$ （1.47）

在频率 $\Omega_c = G/C$ 的情况下，振幅 ΔT 相对于其直流值降低为其 $\frac{1}{\sqrt{2}}$。

我们看到，灵敏度与 $1/G$ 成正比，但时间常数为 $\tau \sim G/C$。一个足够快速和敏感的探测器应该具有最小的热容量。由于 C 随温度下降，因此这仍是在低温下操作辐射热测量计的结果[1.29]。

1.2 节中证明了，为了获得更高的灵敏度，吸收路径长度应尽可能大。由于单程通过准直分子束时仅约 1 mm，所以已经设计了用于增加该吸收长度的光学布置。图 1.31 中给出了几种解决方案。它们由两个平行的镜子组成，其中入射

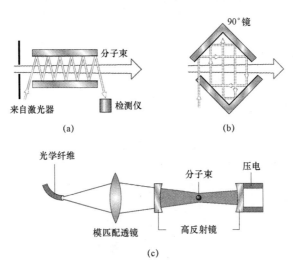

图 1.31 用于产生许多激光束与分子束交叉点的光学装置
（a）两个平行平面镜；（b）两个猫眼布局；
（c）高 Q 值增强谐振器内的交点（其中激光束与谐振器进行基模调制）

的激光束在镜子之间或者在由一对彼此相对移动少量 δ 的猫眼之间来回反射。在前一种布置中，激光束在角度 90° − ε 下通过分子束，因此吸收线的多普勒频移 Δν =（ v/c ）· sinε，其中 ν 是分子的速度。如果将交叉点位于带高反射镜的外部近共焦增强谐振器的束腰中，则可以获得最大优势。输入激光束必须通过适当的光学设计（由两个透镜组成（见图 1.31（c））与谐振器的基模进行模匹配。通过这样的设计，交叉点中光功率可以实现 200 倍的增强。

1.1.3　非线性激光光谱学

实现亚多普勒分辨率的几种光谱技术基于分子与激光辐射的非线性相互作用。当一个平面电磁波沿 x 方向通过吸收气体时，我们已经在 1.1.1 节中看到，强度的衰减 dI 与吸收系数 α 的关系

$$dI = -\alpha \cdot I \cdot dx \tag{1.48}$$

吸收系数

$$\alpha = \Delta N \sum_{ik}$$

式中，$\Delta N = \left[N_k - \left(\dfrac{g_k}{g_i} \right) N_i \right]$。

dI 由粒子数差值 ΔN 和吸收截面 σ 确定。针对式（1.48），给出了关系式

$$dI = -\left[N_k - \left(\frac{g_k}{g_i} \right) N_i \right] \sum_{ik} I dx \tag{1.49}$$

对于足够小的强度 I 来说，粒子数密度 N_i 和 N_k 没有太大的影响，因为弛豫过程可以重新填充吸收能级的粒子数 N_k（见图 1.32（a））。在这种情况下，吸收系数 α 与强度 I 无关，并且由对式（1.48）积分即可得出线性吸收的比尔定律

$$I = I e^{-\delta N \sum x} \tag{1.50}$$

对于较大的强度，吸收率可以超过吸收能级重填的弛豫率（见图 1.32（b））。这意味着粒子数 N_k 随着强度 I 的增加而减少，因此吸收系数也减小。我们必须写成下式，而非式（1.49）：

$$dI = -\Delta N(I) \cdot I \cdot \sigma \cdot dx \tag{1.51}$$

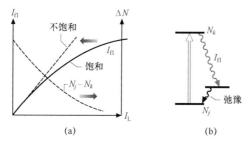

图 1.32　激光强度函数和能级图

（a）荧光强度和总体差异作为激发强度的函数；（b）能级图

强度的变化 dI 且因此吸收的功率以非线性方式与入射强度相关。我们可以将与吸收能级 $|k\rangle$ 粒子数的相关强度用幂级数表达为

$$N_k = N_{k_0}(1 - aI - bI^2 - \cdots) \tag{1.52a}$$

高能级 $|i\rangle$ 的相应关系式为

$$N_i = N_{i_0}(1 + aI - bI^2 - \cdots) \tag{1.52b}$$

对于粒子数差值，可以得到

$$\Delta N = \Delta N_0(1 - 2aI - 2bI^2 - \cdots) \tag{1.53}$$

将此式代入式（1.51），可得

$$dI = \Delta N_0 \sum dx(I - 2aI^2 - 2bI^3 - \cdots) \tag{1.54}$$

第一项描述了线性吸收，第二项是与 I 二次方的关系并且由于 $d(\Delta N)/dI < 0$ 而减少了吸收。

非线性吸收可以通过测量作为激光强度函数的激光诱导荧光强度 $I_{fl}(I_L)$ 来证明。由此可以看出，I_{fl} 随着 I_L 线性增加，但对于更高的激光强度，因为粒子数差值，增加小于线性，因此吸收系数减小，而这使得激光强度 dI_L/I_L 的相对吸收变得更小。对于较大的激光强度，荧光强度接近一个恒定值（饱和），该值受吸收能级 $|k\rangle$ 再填充的弛豫过程速率的限制。

吸光度的这种饱和度可以用于多普勒自由光谱[1.30,1.31]，这将在下一节中概述。

1. 饱和光谱

我们对中心频率 ω_0 附近多普勒展宽吸收线型气相中的原子或分子样本加以分析。当频率为 ω 的单色激光束在 x 方向上穿过样品时，只有那些多普勒频移后在激光频率发生共振的分子才能够吸收激光光子。由于多普勒频移是 $\Delta\omega = k \cdot v_x$，这些分子必须具有满足下列关系式的速度分量 v_x：

$$\omega = \omega_0(1 + kv_x) \pm \gamma \tag{1.55}$$

式中，γ 是跃迁的均匀线宽。由于饱和，这些分子在吸收能级的粒子数 N_k 下降，而 N_i 相应增加。在所有分子的速度分布 $N_k(v_x)$ 中，在光谱宽度 γ 的情况下窄凹陷被烧掉，而在较高吸收能级的分子分布 $N_i(v_x)$ 中出现相应的峰值（见图 1.33（a））。

如果激光束被反射镜反射回样品，其 k 矢量反转，并且具有相反速度分量的分子与反射光束相互作用（见图 1.33（b））。现在将两个与 $v_x = 0$ 对称的孔烧入反转 $\Delta N(v_x)$ 的速度分布中，即两个不同的速度等级 $\pm(v_x \pm \gamma)$ 与两个激光束相互作用。

当激光频率 ω_L 通过多普勒展宽吸收线型被调谐，ω_L 接近分子跃迁的中心频率 ω_0 时，两个孔朝向彼此移动。对于 $\omega_L = \omega_0$，在 $v_x = 0$ 附近的区间 dv_x 中只有一个速度等级与两个激光束相互作用。分子经历双重强度，因此，对于 $\omega_L = \omega_0$，粒子数反转 ΔN 将比 $\omega_L \neq \omega_0$ 时的情况更小。因此，具有多普勒展宽线型的吸收系数 $\alpha(\omega)$ 在

中心频率 ω_0 附近有一个凹陷（见图 1.33（c））。根据威利斯·兰姆（Willis Lamb）的理论，由粒子数饱和引起的这种凹陷被称为兰姆凹陷，威利斯·兰姆定量地解释了这种饱和效应。

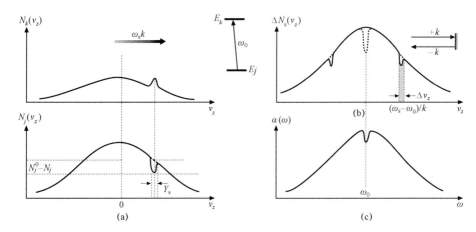

图 1.33　多普勒展宽跃迁的饱和光谱学原理

（a）低能级和高能级粒子速度分布中的饱和孔和饱和峰；

（b）驻波情况；（c）多普勒展宽吸收线型

兰姆凹陷的宽度等于通过饱和展宽的分子跃迁自然线宽时，其约比多普勒宽度小两个数量级。

这种狭窄的兰姆凹陷被用于多普勒频谱（也被称为饱和光谱或兰姆凹陷光谱）。假设两个跃迁是从一个普通级 $\langle c|$ 分别到两个稍微分裂的能级 $\langle a|$ 和 $\langle b|$。如果分裂小于多普勒宽度，则无法分辨两个多普勒展宽的谱线。然而，这些跃迁的两个兰姆凹陷是分开的（见图 1.34）。

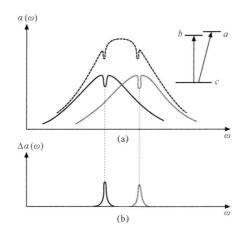

图 1.34　两个接近重叠的同一较低能级多普勒展宽跃迁的两个兰姆凹陷的分辨

（a）无法分辨两个多普勒展宽谱线；（b）两个分开的兰姆凹陷

图 1.35 显示了一种可能的实验布置。波长可调激光器的光束被分束器 BS

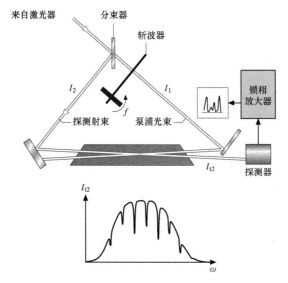

图 1.35　采用发射探测光束检测从而在多普勒展宽背景上产生兰姆凹陷的饱和光谱学实验布置

分成强的泵浦光束和弱的探测光束，它们以相反的方向穿过样品单元。探测器测量作为激光频率 ω_L 函数的发射探测光束强度。每当激光频率与分子跃迁的中心频率一致时，在透射强度中出现兰姆峰，因为在该频率下吸收呈现下降。

当泵浦光束被周期性斩波时，可以消除多普勒展宽的背景。现在，通过锁相检测器测量打开和关闭泵浦光束时所发射探测射束强度的差异。于是发现了一种具有更好信噪比的无多普勒频谱（见图 1.36）。

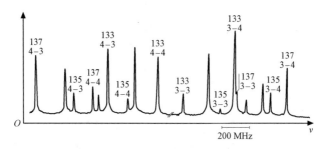

图 1.36　在同位素 ^{133}Cs、^{135}Cs 和 ^{137}Cs 的混合物中，$\lambda = 459.3\,nm$ 处的 $6^2S_{1/2} \rightarrow 7^2P$ 跃迁的超精细分量的饱和光谱（根据文献［1.21］）

当样品放置在激光谐振器内部时，其强度比谐振器外部高得多，因此即使使用低功率激光器，也可以进行饱和光谱分析（见图 1.37）。谐振器内部的驻波可以由前后行波组成。因此，可以自动产生兰姆凹陷的条件。可以监测显示出兰姆凹陷来自样品分子的激光诱导荧光，或者通过其中一个谐振腔镜测量传输的激光强度，其在样品分子吸收线的中心频率处显示激光输出功率中的相应窄峰。如果在扫描激光波长的同时调制谐振器长度，则可通过调谐到调制频率 f 的锁相检测器测量兰姆凹陷或兰姆峰的一阶导数。由于吸收的调制不是谐波（即使激光频率是正弦调制的），调制激光输出还包含更高的谐波（1.1.1 节）。当锁相检测器调谐到 $3f$ 时，可获得三阶导数光谱（见图 1.38）。在这里，多普勒展宽的背景基本上被抑制了。在图 1.38（b）中，显示了 I_2 分子中旋转跃迁 $B^3\Pi_u(v'=58,\ J'=99) \leftarrow X^1\Sigma_g^+(v''=1,\ J''=98)$ 及其 21 个超精细分量的一个三阶导数光谱。

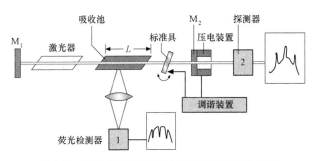

图 1.37　用激光谐振腔内的样品进行饱和光谱分析

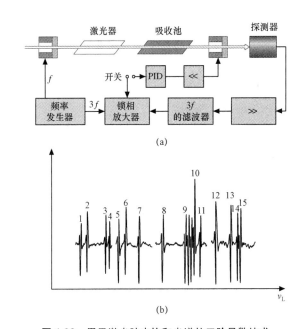

(a)

(b)

图 1.38　用于激光腔内饱和光谱的三阶导数技术

（a）实验装置；（b）I_2 分子中一个旋转跃迁的超精细分量的三阶导数饱和谱

更多详细信息可参见文献［1.32～1.34］。

2. 极化光谱学

在饱和光谱学中，通过反向传播的探测激光器监测泵浦激光器对吸收进行选择性降低，而在极化光谱学中，通过探测激光器监测泵浦激光器引起的双折射[1.22]。原理如图 1.39 所示。将样品置于两个正交偏振片 P_1 和 P_2 之间，根据偏振片的质量，可将线偏振的探测激光器衰减 $10^5 \sim 10^7$ 倍。较大部分激光束被分束器 BS 分开，并用作以相反方向通过样品池的泵浦光束。如果泵浦激光束是圆偏振的（例如，σ^+ 偏振），它将在 $\Delta M = +1$ 时引起跃迁，其中 $M \cdot h$ 是样品分子在泵浦光束方向上的角动量 J 的投影。由于饱和，一些 M 低能级被部分减少（对于在图 1.39（a）中的例子来说，这些是 $M = -2$，-1，0 能级）。这会影响分子的部分取向，因为它们的角动量 J 不再是各向同性的取向分布，而是更多地指向泵浦光束的方向。

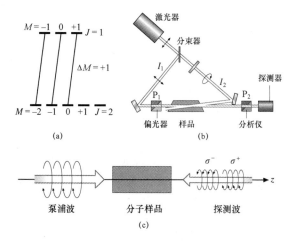

图 1.39　无多普勒极化光谱的能级图和实验装置
（a）能级示意图；（b）系统示意图；（c）探测光束示意图

线偏振探测光束可以由一个 σ^+ 和一个 σ^- 分量组成。这两种分量在通过取向分子样品时经历不同的吸收率和不同的折射率。由于 σ^+ 和 σ^- 分量的不同相移，在它们通过样品之后再次添加两个分量可导致探测光束的椭圆偏振，其中主轴相对于初始偏振方向旋转了一个小角度 α。现在存在一个平行于第二偏振器透射轴的电矢量的小分量，其被传输到检测器。我们现在将更加定量地讨论这个问题。

线性极化探测波

$$E = E_0 \cdot e^{i(\omega t - kz)}, \ E_0 = \{E_0, 0, 0\} \tag{1.56}$$

可以由 σ^+ 和 σ^- 分量组成

$$\begin{cases} E^+ = E_0^+ e^{i(\omega t - k^+ z)}, \ E_0^+ = \dfrac{1}{2} E_0(\hat{x} + i\hat{y}) \\[2mm] E^- = E_0^+ e^{i(\omega t - k^- z)}, \ E_0^- = \dfrac{1}{2} E_0(\hat{x} - i\hat{y}) \end{cases} \tag{1.57}$$

式中，$\hat{x}$ 和 $\hat{y}$ 为单位矢量。

这两个分量经历不同的吸收系数 α^+ 和 α^- 以及不同的折射率 n^+ 和 n^-。两个分量在穿过由泵浦激光器定向的样本区域路径长度 L 之后，分别为

$$E^+ = E_0^+ e^{i(\omega t - k^+ L + i\alpha^+ L/2)}$$
$$E^- = E_0^+ e^{i(\omega t - k^- L + i\alpha^- L/2)}$$

（1.58）

由于差值 $\Delta n = n^+ - n^-$，可得出两个分量之间的相差

$$\Delta\Phi = (k^+ - k^-)L = (\omega L / c)(n^+ - n^-)$$

（1.59）

且由于差值 $\Delta\alpha = \alpha^+ - \alpha^-$，还可得出两个幅值之间的差：

$$\Delta E_0 = (E_0 / 2)[e^{-\alpha^+ L/2} - e^{-\alpha^- L/2}]$$

（1.60）

由于外部大气压力，吸收单元的窗口稍微弯曲，因此它们显示出与两个圆偏振分量不同的双折射并导致另外的相移。

在出射窗后面，通过添加 σ^+ 和 σ^- 分量获得探测光束的电场矢量。这给出了一个稍微椭圆化的极化波，其主轴相对于 x 轴倾斜了一个小角度 θ。这增加了通过交叉分析仪的透射率。传输的振幅变成（见图 1.40）

$$E_t = E_x \sin\theta + E_y \cos\theta$$

（1.61）

探测器信号与传输强度成正比。除了信号之外，由于正交偏振器的残余透射率 ξ，所以还存在与频率无关的背景。

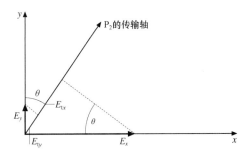

图 1.40　经过分析仪的传输偏振分量

与饱和光谱中的情况类似，信号的谱线轮廓是无多普勒的并且由均匀线宽 γ（自然线宽＋碰撞展宽＋饱和展宽）确定，因为只有具有速率分量 $v_x = 0 \pm \gamma \cdot k$ 的分子才能与两个反向传播的激光束产生相互作用。

当激光频率在样品分子的吸收线上调谐时，测量的透射强度的最终结果是

$$I_t = I_0 e^{-\alpha L}\left(\Sigma^2 + \Theta'^2 + \frac{1}{4}\Delta\alpha_\omega^2 + \Theta'\Delta\alpha_0 L \frac{x}{1+x^2} \right) + \left[\frac{1}{4}\Delta\alpha_0\Delta\alpha_\omega L + \left(\frac{\Delta\alpha_0 L}{4}\right)^2 \right]\frac{1}{1+x^2}$$

式中

$$x = \frac{\omega_0 - \omega}{\gamma_s / 2}$$

（1.62）

与饱和光谱相比，极化光谱的优点如下：

（1）该技术本质上是无背景的。除了小残差项 $I_0 \cdot \xi$（$\xi = 10^{-5} \sim 10^{-7}$），检测器仅在泵浦光束未被阻塞时才接收信号。在饱和光谱中，泵浦光束少量改变了探测光束的吸收量，并检测两个大信号的小差异。因此极化光谱学的灵敏度更高。

（2）偏振器（$\theta > 0$）的不交叉增加了式（1.62）中的色散项。这种色散信号理想情况下适合于将激光频率稳定在多普勒自由吸收线中心处出现的信号零交叉处。如果选择 $\theta = 0$，则会产生洛伦兹光谱线型，其中信号的大小可以通过改变窗口的双折射来优化（例如，通过略微压缩它们）。

（3）事实证明，信号幅值和轮廓取决于特定的分子跃迁。对于圆偏振泵浦光束，Q 线（$\Delta J = 0$）的信号被抑制，而对于线性偏振泵浦光束，P 线和 R 线（$\Delta J = \pm 1$）的信号幅值随着旋转量子数 J 快速下降。因此促进了复杂分子光谱的分配。

3. 无多普勒双光子光谱

在激光强度足够强的情况下，可能发生原子或分子同时吸收来自两个激光器的两个光子 $h \cdot \omega_1$ 和 $h \cdot \omega_2$，或者来自同一激光器的两个光子 $h \cdot \omega_1$。根据两个光子自旋的相对取向，$\Delta L = 0$ 或 $\Delta L = \pm 2$ 跃迁被诱导。双光子跃迁比允许的单光子跃迁弱几个数量级。因此需要具有足够高强度的激光进行观察。如果分子能级 E_m 接近能量 $E_k + h \cdot \omega_1$ 或 $E_k + h \cdot \omega_2$，则双光子吸收的概率会提高很多。

在一个静止分子中，从最初的较低能级 $\langle k|$ 到最终能级 $\langle f|$ 的双光子跃迁，能量守恒要求

$$E_f - E_k = h \cdot (\omega_1 + \omega_2) \tag{1.63}$$

当分子以速度 v 移动时，光波频率 ω 在分子帧中移动到 $\omega' = \omega - k \cdot v$。于是共振条件式（1.63）变成了

$$E_f - E_k = h \cdot (\omega_1 + \omega_2) - hv \cdot (k_1 + k_2)' \tag{1.64}$$

如果两个光子来自两个同一激光器发出却以相反方向运行的光束，则有 $\omega_1 = \omega_2$ 和 $k_1 = -k_2$。这可使式（1.64）中包含分子速度的最后一项为零。双光子吸收在这种情况下变得与分子速度无关，这意味着速度分布内的所有分子对现在无多普勒的双光子吸收都有贡献。其实验布置如图 1.41 所示。样品放置在单模激光器的谐振腔内。双光子跃迁通过激光诱导的荧光进行监测，该荧光从高能级 E_f 发射到通过允许单光子跃迁而连接 $\langle f|$ 的中间能级 E_m。法拉第旋转器用作光学二极管并防止反射光束传回到激光器，因为这可能导致激光器不稳定。

当激光频率 ω 被调谐到双光子共振时，信号由一个窄峰（由具有相反 k 向量的两个光子产生）和一个多普勒展宽背景构成，其由来自具有平行 k 向量的同一光束的双光子产生（见图 1.42）。多普勒宽度是频率为 ω 的单光子跃迁的 2 倍。两个光子来自相反光束的概率是来自同一光束的两个光子的 2 倍。这意味着贡献窄峰的分子是贡献展宽背景的分子的 2 倍。因此，窄峰比背景高 $2 \cdot \Delta \omega_D / \Delta \omega_n$ 倍。由于多普

勒宽度 $\Delta\omega_D$ 大约比自然线宽 $\Delta\omega_n$ 大两个数量级，因此可以忽略背景。

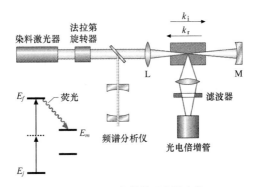

图 1.41　无多普勒双光子光谱

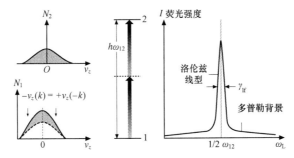

图 1.42　多普勒展宽背景下无多普勒双光子吸收的窄光谱线型

在图 1.43 中，铅原子在 $\lambda = 450.4$ nm 的 $7p^3P_0 \leftarrow 6p^23P_0$ 跃迁的无多普勒光谱表明较高的光谱分辨率可以测量同位素偏移[1.35]。

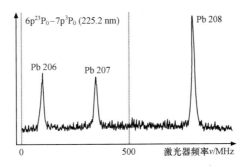

图 1.43　铅的不同同位素中 $6p^23P_0 \rightarrow 7p^3P_0$ 跃迁的
无多普勒双光子光谱（根据文献［1.23］）

双光子光谱的一个非常有趣的应用是精确测量反氢中的 1S→2S 跃迁。这项研究的目的是证明或反证 CPT 定理，即，电荷正负对称、宇称对称和时间反演同时遵从对称守恒规则。也就是说，除了粒子的相反电荷之外，反物质应该具有与物质相同的原子结构。在氢的情况下，这意味着对于氢原子来说 1S→2S 跃迁的频率应该与氢原子相同。

这些实验基于氢的成功无多普勒光谱[1.36]，其将被转移到反原子的研究中。然而，具有挑战性的问题是产生了冷氢原子。它们是通过特殊设计的减速器，将储存在中央欧洲核子研究中心（CERN）储存环中的快速反质子放慢而形成的。然后它们被困在彭宁离子阱中，在那里与正电子碰撞形成反氢原子。由于只有少数反原子产生，它们的光谱需要非常灵敏的技术。首批结果于 2011 年得出[1.37]。

通过测量反质子 He^+ 离子的超精细结构可以获得反质子的磁矩[1.38]。

1.1.4　旋光法和椭圆光度法

类似于极化光谱学的原理，被称为旋光法的技术也是利用了穿过各向异性样品的光波的极化变化。然而，与极化光谱学不同，各向异性不是由偏振泵浦波引起的，而是由所谓的活性分子所组成样品固有的。例如，所有诸如丁醇（见图 1.44）或血糖等手性分子都会将线偏振波的偏振矢量转动一个角度

$$\alpha = (n^+ - n^-)\pi \cdot \frac{d}{\lambda} \tag{1.65}$$

式中，n^+ 和 n^- 为 σ^+ 和 σ^- 光的折射率；d 为穿过样品的路径长度（见图 1.45）。

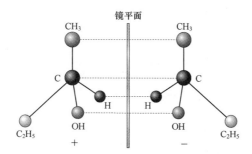

图 1.44　作为手性分子示例的丁醇的两个镜像

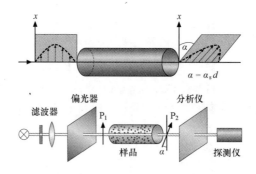

图 1.45　偏振测量的原理和实验装置

在固体中，光学各向异性可由内部或外部应力引起。在这种情况下，光学旋光法可以给出应力分布的二维图。玻璃鼓风机就是利用其来检查回火后的玻璃是否无应力。在有机玻璃的机械工程模型中，还可用其来测试建筑物和桥梁框架结构中的应力分布[1.39,1.40]。

光谱椭偏仪技术则利用了光波的偏振特性及其波在被表面反射或者在透过样品时发生的变化，以灵敏地检测材料参数（如吸收和双折射）。这种技术通常适用于没有尖锐吸收线的固体和液体。因此，主要强调的是敏感性而不是光谱分辨率。除了用可调激光器作为辐射源之外，还将宽带非相干光源与用于波长选择的单色器结合使用。

基本原理如图 1.46 所示，入射光穿过一个偏振器 P 并被反射到样品表面。分析仪 A 分析反射光的偏振特性，光谱仪后面的光电倍增管监测通过光谱仪传输的选定光谱间期的强度。

根据吸收系数 $\alpha(\omega)$，将强度为 I_0 的光入射到样品中，穿透样品。在达到穿透深度 $d=1/\alpha$ 后，其强度降低到 I_0/e，反射光的强度 $I_r = r \cdot I_0$ 给出的信息表明复合反射系数 r 也取决于吸收系数 α。对于线偏振的入射光，反射光通常是椭圆偏振的，由此也得出了此方法的名称[1.41,1.42]。

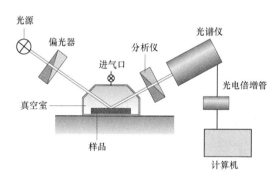

图 1.46 椭圆光度法的实验布置示意图

对于非吸收样品，折射率 n 是实际值，并且可由斯涅耳公式得出反射光的强度和偏振特性。我们可以分解成平行于入射平面的分量 $E_{\parallel}$ 的入射线偏振光的电矢量，和垂直于入射平面的分量 $E_{\perp}$ 的入射线偏振光的电矢量（见图 1.47）。然后，由两种介质的折射率 n_1 和 n_2 以及相对于表面法线的角度 α 分别确定两个分量[1.43]的振幅反射系数

$$P_{\parallel} = \frac{E_{r\parallel}}{E_{i\parallel}} = \frac{n_2 \cos\alpha - n_1 \cos\beta}{n_2 \cos\alpha + n_2 \cos\beta} \tag{1.66a}$$

$$P_{\perp} = \frac{E_{r\perp}}{E_{i\perp}} = \frac{n_1 \cos\alpha - n_2 \cos\beta}{n_1 \cos\alpha + n_2 \cos\beta} \tag{1.66b}$$

根据斯涅耳折射定律 $\sin\alpha/\sin\beta = n_2/n_1$，可以用折射角 β 代替折射率，并得出

$$P_\parallel = \frac{\tan(\alpha - \beta)}{\tan(\alpha + \beta)}$$

$$P_\perp = \frac{\sin(\alpha - \beta)}{\sin(\alpha + \beta)} \tag{1.67}$$

反射的强度是

$$I_{r\parallel} = I_{i\parallel} \frac{\tan^2(\alpha - \rho)}{\tan^2(\alpha + \rho)}$$

$$I_{r\perp} = \frac{\sin^2(\alpha - \rho)}{\sin^2(\alpha + \rho)}$$

由于两个分量的反射系数不同，所以反射波的偏振面相对于入射波的偏振面更倾斜。如果 γ_i 是入射波电矢量 $\boldsymbol{E}$ 相对于入射平面的角度，则根据斯涅耳公式，反射波的角度 γ_r 为

$$\tan\gamma_r = \frac{E_{r\perp}}{E_{r\parallel}} = -\frac{\cos(\alpha - \beta)}{\cos(\alpha + \beta)} \tan\gamma_i \tag{1.68}$$

对于吸收材料，折射率

$$n = n' - i\kappa \tag{1.69}$$

变为一个复数，其中实部 n' 和虚部 κ 都取决于波长。这样就引入了一个相移，其对于两个偏振分量通常是不同的。反射光是椭圆偏振光。

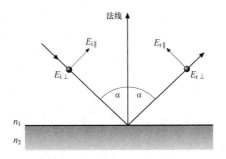

图 1.47　插图说明了入射和反射波的电场矢量分量的斯涅耳公式

1.1.5　光泵浦和双共振

我们已经在 1.3 节讨论过，当粒子选择性地分布在某一能级时，发射光谱变得更加简单。当粒子数相对于热粒子数发生明显的变化 ΔN 时，这种选择性粒子分布或通过吸收光子而导致的能级消耗称为光泵浦。然而，光泵浦技术是更普遍地改变粒子数分布，而不仅仅是改变一个能级的粒子数分布。正如我们已经看到的极化光谱学示例一样，它也可以创建标记能级的原子或分子线列。这改变了穿过样品的波的偏振特性。

光泵浦构成了各种双谐振技术的基础。假设将泵浦激光器调谐到选定的跃迁

$|i\rangle \rightarrow |k\rangle$（见图 1.48）并消耗较低的能级 $|i\rangle$。如果对样品同时施加频率可调的第二辐射场（射频、微波、红外或可见辐射），则当该第二辐射场的频率与从耗散能级 $|i\rangle$ 到其他能级 $|m\rangle$ 的跃迁 $|i\rangle \rightarrow |m\rangle$ 一致时，耗散能级将被部分重新填充。这既可以通过探针激光器吸收增加来监测，也可以由泵浦激光器引起的荧光增加来监测。

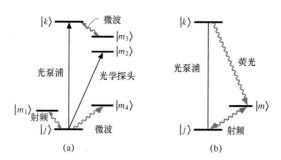

图 1.48　用于荧光检测的光泵浦和光微波双共振的能级示意图

（a）光泵浦示意图；（b）光泵浦监测示意图

　　如果泵浦激光器消耗了原子状态的超精细组分，则可以通过来自另一个未被泵浦消耗的 hfs 组分的射频跃迁来重新填充耗散能级（见图 1.48）。当观察到激光诱导的荧光与射频成函数关系时，可在共振频率 ω_{inj} 处测得可使两个超精细结构能级分离的峰值。在这种情况下，射频光学双共振的功能就像一个射频转换的放大器，因为：

　　（1）光泵浦增加了两个超精细结构能级之间的粒子数差 ΔN，并因此增加了射频的吸收。

　　（2）通过发射可见光子来监测一个射频光子的吸收，该可见光子具有比射频光子大 10^6 倍的能量，并且可以以更大的效率进行检测。

　　通过射频测量能级分离的准确度比测定从两个超精细结构能级转换为高激发态能级的两个光学跃迁频率差的准确度要高得多。射频跃迁可能出现在光学跃迁的低能态和高能态。在后一种情况下，当通过谐振调谐射频时，可观察到荧光强度从能级 $|k\rangle$ 下降。

　　光微波双共振可应用于分子两个旋转能级之间的跃迁，其中光泵浦消耗基态中的一个能级或在激发态中填充两个能级中的一个（见图 1.49）。除了增加微波的吸收之外，激发态中的双谐振将微波光谱的精确度传递到未经热扩散并因此而不能用传统微波光谱法进行测量的激发态的测量上。

　　这种双共振光谱学的一个有趣的应用是改良了分子束中的 Rabi 射频跃迁技术[1.44,1.45]。非均匀磁场 A 和 B 被两束泵浦激光束所替代（见图 1.50）。在两个交叉点之间区域中的射频或微波跃迁导致粒子分布发生变化，其可通过第二交叉点 B 中的激光诱导荧光中的相应变化检测到。由于荧光检测非常敏感（1.1.1 节），该方法非常有利于高精度测量区域 C 中的均匀磁场或电场中的自由分子的小能级分裂或泽曼分裂或斯塔克分裂。

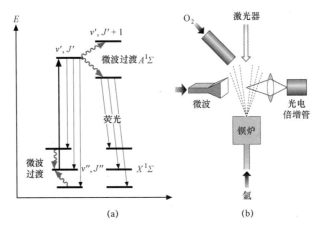

图 1.49　BaO 激发电子态光学 – 微波双共振光谱的实例（根据文献［1.29］）

（a）分子旋转能级跃迁示意图；（b）跃迁系统示意图

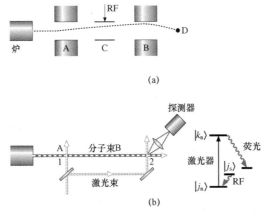

图 1.50　用分子束中的光学双共振替代常规 Rabi 技术

（a）分子束 Rabi 射频跃迁示意图；（b）Rabi 技术系统图

类似于通过选择性激发单个高能级来简化荧光谱，双共振方法是分配复杂吸收光谱的有用工具。假设探针激光器通过吸收光谱进行调谐，并且通过激光诱导荧光来监测吸收。当被调谐至特定光转换的泵浦激光被切断时，泵浦跃迁的高能级和低能级粒子数以相反的相位被调制。在调谐探针激光频率的同时，用锁相放大器测量由探针激光诱发的 LIF，只产生在整个频谱之外的那些跃迁，它们开始或终止于调制的能级。由于已知这些探针跃迁的一个能级，所以在应用探针跃迁的选择规则时可以容易地执行其他能级的分配[1.46,1.47]。

1.1.6　光频梳光谱分析

最近开发出一种新技术，其可以直接比较广泛分离的参考频率，并以前所未有的精度测量谱线的绝对频率。它的实现基于光学光频梳，已被成功应用于高分辨率光谱学，具有很高的灵敏度。其基本原理可以理解如下：发射短脉冲规则串的连续锁模激光器频谱由与激光腔的纵向模式重合的等间隔频率分量的梳组成。根据傅里叶定理，该梳状光谱的光谱宽度与激光脉冲的时间宽度 ΔT 成反比。利用掺钛蓝宝石克尔透镜锁模激光器的飞秒脉冲，梳状谱可扩展到 30 THz 以上。

通过将激光脉冲聚焦到一个特殊结构的光纤中，在这种光纤中发生自相位调制的地方可以进一步拓宽光谱宽度，其可跨越一个倍频程以上，相当于一个约 300 THz 的光谱宽度的频谱[1.48,1.49]。

具体测量结果表明，光频梳的模式是精确等距的，即使在梳子的远端也是如此[1.50]。这种严格规则的频率间隔对精确的光学频率测量至关重要。光频梳可以通过自参照技术进行校准（见图 1.51）。这里，在非线性光学晶体中，He－Ne 激光器在 $\lambda = 3 \sim 39\ \mu m$ 的频率 ω_{He-Ne} 倍增 2 倍，频率为 $4\omega_{He-Ne}$，然后稳定在光频梳的一个分量上。利用和频生成和光学分频器，可生成频率 $7\omega_{He-Ne}$。该频率的一半稳定在光频梳的另一个分量上。通过调整激光腔长度 L，可以以这种方式调整模间隔，确保 $3.5\omega_{He-Ne}$ 和 $4\omega_{He-Ne}$ 的两个频率与梳的分量完全一致，并且 Cs 标准的微波频率也等于飞秒脉冲重复频率的整数倍，即梳分量之间的频率间隔。计算 $4\omega_{He-Ne}$ 和 $3.5\omega_{He-Ne}$ 之间的分量数目，将频率 $0.5\omega_{He-Ne}$ 与 Cs 标准联系起来，这样就可得出绝对频率 ω_{He-Ne}。谱线的光学频率 ω_s 被表示为

$$\omega_s = n \cdot \omega_r + m \cdot \Delta\omega_c + \Delta\omega_{offs} \tag{1.70}$$

式中，n 是一个大整数（例如，$n = 10^5$）；m 是 $n\omega_r$ 被锁定的分量和频谱线频率下一个分量之间的梳状分量数量；$\Delta\omega_c = 2\pi/T$ 是相邻间隔（其等于激光谐振器的模间隔）；$1/T$ 是飞秒脉冲的重现率，其中 $T = c/L$ 是脉冲通过具有往返长度 L 的激光器的往返时间。偏移频率 $\Delta\omega_{offs}$ 考虑到频率 ω_s 可能不完全匹配光频梳的分量。由于偏移频率位于射频范围内，因此可以通过外差技术很容易地测量，其中频谱线频率和最近梳分量的频率叠加，差频用频谱分析仪测量[1.50]。

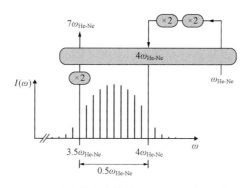

图 1.51　光频梳的自校准（根据文献［1.50]）

图 1.52 通过测量氢原子中 1S→2S 跃迁的绝对频率来说明这种技术的优点[1.51]。二极管 $\lambda = 973\ nm$ 的双倍频率控制在 $\lambda = 486\ nm$ 处振荡的连续波（CW）染料激光器的频率。这种染料激光器的输出被倍频，并且稳定在原子束中的氢原子的双光子跃迁 1S→2S 上。二极管激光器的频率几乎与 $3.5\omega_{He-Ne}$ 下的光频梳组件匹配，而 $4\omega_{He-Ne}$ 与光频梳组件恰好重合。可以测量差值 Δf，因此 1S→2S 氢跃迁与 He－Ne 激光的频率相关，而 He－Ne 激光的频率又与 Cs 频率标准相关。

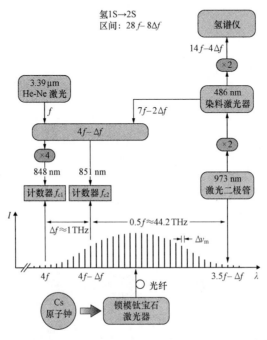

图 1.52　使用光频梳测量氢 1S→2S 跃迁绝对频率的装置（根据文献［1.51]）

光频梳可以用于高度灵敏的吸收光谱。

如上所述，当吸收样品置于高精细光学腔中时，因为有效光程长度增加，灵敏度得到显著提高。当激光光频梳上的等距线在较大光谱范围内同时插入光学腔中时，可以在几毫秒内识别出多个痕量气体[1.52,1.53]。然而，对穿过腔体传输的光进行有效分析仍然具有挑战性。在这种情况下，出现了一种称为腔增强型光频梳傅里叶变换光谱学的新方法，其完全克服了这一困难，并能够在几十微秒内对从太赫兹到紫外线范围内的光谱进行超灵敏、宽带宽、高分辨率测量，而无须任何探测器阵列。

为了说明灵敏度，作者在仅 $18\ \mu s$ 的时间段中以 $4.5\ GHz$ 的分辨率记录了包括频谱宽度为 20 nm 的 1 500 个谱元素在内的氨 $1.0\ \mu m$ 泛频频谱，1 s 时的平均噪声等效吸收为 $1 \times 10^{-10}\ cm^{-1} \cdot Hz^{-1/2}$。这实现了对快速演变单个事件进行时间分辨光谱分析。

可以设想，可使用高次谐波光频梳在超紫外线区域进行高分辨率光谱分析。在谐振器内部的氙气中可产生高达 19 阶的一系列谐波，这为测量 60 nm 下氦离子

He^+ 中的 1S→2S 跃迁的绝对频率创造了可能性[1.54]。

双光子光谱的灵敏度可以通过使用光学光频梳增强。这已经通过测量铯（Cs）原子中的 6S→8S 跃迁得以证明[1.55]。

高精度光学频率测量的重要性部分基于确定基本物理常数的可能时间变化的机会，如精细结构常数或电子质子质量比[1.56]。由于这种可能的变化非常缓慢，为了在合理的时间范围内找到它们，测量的准确度必须非常高。光频梳测量现在接近这个要求的精确度，并且可能有助于发现目前为止接受的物理模型的偏差。因此这些测量不仅具有实际用途，而且具有基本特性。

|1.2　时间分辨方法|

1.2.1　基本原理

利用高分辨率技术（参见 1.1 节）可以非常精确地确定出原子和分子的能级，并由其推断出原子和分子结构。高灵敏度使其适用于已经检测到很少量分子的分析应用中。这些 CW 技术可以称为静态方法。

另外，对动态过程的研究需要时间分辨方法，其中时间分辨率涵盖了从数秒到阿秒（10^{-18} s）的大跨度[1.52~1.62]。相应的例子是通过短光脉冲分别分布到紫外线、光学或红外光谱区域中的受激发原子或分子状态的衰变。价电子的激发通常在 $10^{-3} \sim 10^{-9}$ s 内衰变，而内壳激发随后的 X 射线发射的高能原子态衰减时间可能短至 10^{-15} s。原子或分子的亚稳状态可以存活几毫秒甚至几秒钟，而被激发到具有排斥势的状态下的分子解离可以发生在小于 10^{-12} s 内[1.63,1.64]。受激电子在金属或半导体中的弛豫可在 $10^{-13} \sim 10^{-15}$ s 的时间范围内发生，并且原子核的激发态甚至可以在短于 10^{-18} s 的时间内衰变。

另一类时间相关过程是碰撞诱导的原子或分子跃迁，其中组成一对的 A 和 B 发生碰撞，A 或 B 的内部结构可能在碰撞期间改变并且能量可以在碰撞对之间传输。例如，A 和 B 的内部能量之间的能量转移或者碰撞对中的一个激发态失活。这种过程一般发生在纳秒到毫、微秒时间范围内，取决于碰撞对的密度和相对速度[1.65]。

光谱分析中能达到的时间分辨率由光源和检测器决定。在预激光周期内，已使用了脉冲持续时间在 $10^{-3} \sim 10^{-6}$ s 之间的闪光灯，并且可用检测器的时间分辨率也被限制为 10^{-6} s 左右。脉冲激光器的发明大大改变了这种状况。现在有可能通过飞秒激光器所产生高次谐波来产生约低至 10^{-16} 的亚飞秒脉冲，其可把时间分辨率降到 10^{-17} s。探测器的时间分辨率极限也可以通过新的探测技术来克服，如泵浦和探针实验。

在本书中，介绍了不同的时间分辨光谱技术、检测方案和一系列可能的应用，并讨论了它们的优点和局限性。

1.2.2　波长可调短脉冲

中心频率固定的短激光脉冲的产生和检测已经在本丛书的《光学设计与光学元件》中详细讨论过，也可参见本丛书的《先进激光技术》。对于时间分辨光谱学中的许多应用，要求具有波长可调谐脉冲。它们可以通过不同的方式产生：

（1）具有宽光谱增益分布的激光器被用作光源，并且波长被激光腔内的波长选择元件（如棱镜、光栅或干涉仪）调整为增益分布。

（2）非线性光学晶体中的光学参量放大可用于将泵浦光子在非线性晶体中分裂成被称为信号光子和闲频光子的两个光子，信号光子和闲频光子都可以在可见光或红外区域的广泛范围内进行调谐，这既可通过带波长可调激光器的系统引晶，也可只使用光学参量振荡器和改变晶体的相位匹配条件来完成[1.66,1.67]。

（3）非线性晶体中的光频混频（和频或差频）可将可见激光的调谐范围转移到紫外或红外区[1.67]。

为了产生超短脉冲，通常使用掺钛蓝宝石激光器。它们可以提供高峰值功率，但只有中等脉冲能量。它们的波长可以通过激光器的增益曲线进行调整。有两种放大脉冲能量的方法：由强大的泵浦激光泵送的在具有反转分布的增益介质中的常规放大和参量放大。虽然第一种方法在一个放大级中只有中等增益，并且因此需要几个连续的步骤，但第二种方法在单级中已经表现出更大的增益。

尤其是真空紫外（VUV）中产生的相干辐射（其中可产生基波激光波长的高次谐波，或在非线性晶体和气体中需要几个连续的倍频或三倍频步骤[1.68]），需要激光在可见光中输出的高峰值功率和脉冲能量。因此，我们启动了用于放大波长可调短脉冲的实验技术。

1. 具有高峰值功率的可调谐飞秒脉冲的产生

可以在再生放大器中放大来自飞秒振荡器的输出脉冲。图 1.53 给出了高功率飞秒激光系统设置的示意图[1.69]。激光振荡器由谐振腔中含有两个球面镜和一个平面镜的掺钛蓝宝石晶体组成。两个棱镜用作色散补偿器。晶体由锁模氩激光泵浦。飞秒输出脉冲通常表现出频率啁啾（光频率从脉冲的前沿到后沿变化）。这些啁啾脉冲通过光栅对在时间上扩展，其中两个光栅不像在用于脉冲压缩中那样平行布置，但以这样的方式布置可使啁啾光脉冲的时间特征曲线变得更宽（脉冲展宽器）。在脉冲放大之前，这种脉冲展宽是必需的，以避免放大器中过高的峰值功率破坏光学器件。放大器（通常是由脉冲固态激光器泵浦的掺钛蓝宝石晶体）被放置在一个允许激光脉冲多次通过放大介质的多反射装置内。泵浦脉冲的能量必须足够高，以在放大脉冲（再生放大器）的两次连续穿越之间恢复增益介质的反转。这种多通道器件的能量放大可能高达 10^6。输出脉冲放大后的重复频率受到再生放大器泵浦激光器的重复频率的限制，而在放大器前的锁模振荡器有一个重复频率，大约为 100 MHz，一般不高于 10 kHz，这意味着只有锁模串的第 10 000 个脉冲被放大。这些放大的脉冲由普克尔盒（PC）选择，然后在由平行光栅对压缩之前，在第二个放大器阶段进一步放大，产生峰值功率高达 10 TW 的超短脉冲[1.70,1.71]。

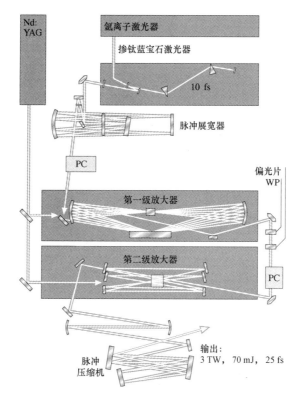

图 1.53　用于超快啁啾脉冲的再生放大器系统（根据文献［1.53］）

示例 1.6：振荡器可以提供 50 fs 脉冲宽度和 30 nJ 能量的输出脉冲，从而可实现 600 kW 的峰值功率。对于展宽脉冲，如果能量放大率为 10^6，则放大和再压缩脉冲的峰值功率为 600 GW。如果压缩降到 10 fs，那么峰值功率甚至可达 3 TW。

光学脉冲压缩也可以通过光学透明材料中的非线性色散来实现。通过在氖气填充的中空光纤中压缩多级掺钛蓝宝石激光放大器系统的输出脉冲，可产生持续时间为 5 fs，脉冲能量为 1 mJ（峰值功率为 0.2 TW）的光脉冲[1.73]。

2. 光学参量系统

通过其从紫外到近红外光谱区域大范围内可调波长提供飞秒脉冲的光学参量器件是极其实用光谱工具的一个代表[1.66,1.72,1.74~1.76]。它们的基本原理可以描述如下（见图 1.54）。

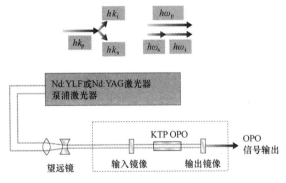

图 1.54　光学参数处理原理

　　能量为 $h\omega_p$ 和波矢为 k_p 的泵浦光子在非线性光学晶体（如 β–钡硼酸盐 BBO）中通过参数相互作用分裂成信号光子 $h\omega_1$ 和闲频光子 $h\omega_2$，从而当频率为 ω_i、波矢量为 k_i 时，满足能量守恒

$$\omega_p = \omega_1 + \omega_2 \tag{1.71a}$$

和动量守恒

$$k_p = k_1 + k_2 \tag{1.71b}$$

　　通过双折射晶体的正确定向来匹配泵浦、信号和闲频波的相速度。由于非常规的折射率取决于光束传播与非线性晶体光轴之间的角度，因此倾斜晶体可连续调谐信号波和闲频波的波长。如果除了泵浦波之外，还有弱信号波（种子光线）被送入非线性晶体中，则信号波将会比闲频波得到更大的增强。在生成高功率超短脉冲时，非共线光参量放大器（NOPA）已被证明是非常有效的[1.72]。其基本原理如图 1.55所示。它由三个主要功能块组成：

（1）通过将 NIR 泵浦光束的一小部分聚焦到蓝宝石碟片中来实现连续生成。

（2）在倍频泵浦光泵浦的 BBO 晶体中对光种的参量放大。

（3）宽带输出脉冲的压缩。

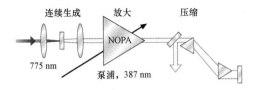

图 1.55　非共线性参量放大器 NOPA 的示意图（根据文献［1.72]）

　　该系统与通过反向增益介质的放大相比有如下差异：虽然对于常规放大，取决于活性介质的弛豫速率，反转可以存储一段时间，但在参数放大中，在泵脉冲的时间内只有增益。因此种子脉冲与泵浦脉冲需要及时重叠。这可以通过让种子脉冲与泵浦脉冲使用相同的激光源来实现。例如，如果泵浦光束由掺钛蓝宝石飞秒激光器的倍频输出提供，并且种子光束来自连续光谱（通过聚焦 $\lambda = 800\,\text{nm}$ 的掺钛蓝宝石

激光器的输出光束进入蓝宝石板而产生），两束光由相同的激光器产生，并保证时间重叠（见图 1.56）。从差频 $\omega = \omega_p - \omega_s$ 连续谱中选择相位匹配条件（式（1.71a）和式（1.71b））所需的放大波长。如果 OPA 的输出与第二个 BBO 晶体中的泵浦光束混合，则可以产生和频与差频，并且这种广泛调谐的强相干源证明在宽光谱范围内对光谱学是非常有用的[1.76]。

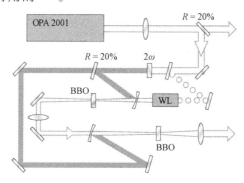

图 1.56　可广泛调谐的光学参量放大器的设置原理图（根据文献［1.60］）

在图 1.57 中，示出了用于多通道非共线参量啁啾脉冲放大的可能实验设置[1.77]。种子源是克尔透镜锁模钛宝石激光器，其可提供光谱宽度为 30 nm 的 78 MHz 脉冲串。在通过脉冲展宽器后，延长的脉冲进入具有 BBO 晶体的多通道参量放大器，该晶体通过脉冲宽度为 8 ns 的 Nd:YAG 激光器的倍频输出进行泵浦。泵浦光束和种子光束以 2.4°的角度在 BBO 晶体中相互交叉。放大的脉冲被一个光栅对压缩。利用这样的布置，可以实现太瓦飞秒脉冲[1.78]。

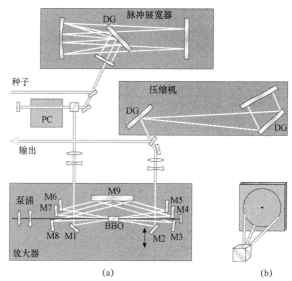

图 1.57　多通道非共线光学参量啁啾脉冲放大器及其对准

（a）多通道非共线光学参量啁啾脉冲放大器（DG = 衍射光栅，PC = 普克尔盒）示意图；
（b）放大器中的光束对准，泵浦光束（未示出）瞄准圆的中心（根据文献［1.61］）

通过倍频非共线光学参量放大器的输出，可有效地产生持续时间为 7 fs 的紫外线脉冲[1.79]。紫外线脉冲在 275～335 nm 之间可调。通过高阶消色差相位匹配，倍频晶体的接受带宽增加了 80 倍。可见脉冲的啁啾和沿着光束路径引入的色散在加倍晶体之前和部分在其之后被部分补偿[1.80]。

在 $\lambda = 395$ nm 处使用飞秒太瓦脉冲作为泵浦脉冲，短种子脉冲与放大的啁啾脉冲一起在毫焦耳能量范围以及增加的展宽和压缩保真度下产生 10 fs 的输出脉冲[1.81]。

3. 阿秒脉冲的产生

当强烈的可见激光脉冲聚焦到惰性气体中时，会产生基波高次谐波。这可以理解为：由于光的强电场，气体原子在光的光学循环的一小部分内发生快速多光子离子化。聚焦光脉冲的电场远远超过原子核的库仑场，实现了高达 10^{10} V/m 的场强。自由光电子通过交变电场在原子核上来回加速，电子的方向变化之快，使得电子无法离开原子。在这个加速过程中，它们从可见光区向 X 射线区域发射辐射。虽然电子运动的周期是基波光的周期，但由于与原子力场的非线性相互作用和光波的电场，会产生高次谐波（见图 1.58）。当几兆焦耳能量（峰值功率 10^9 W）的 10 fs 脉冲聚焦到样品中时，已经可观察到光子能量高达 700 eV 的相干 X 射线辐射，其中对于 10 μm 的聚焦直径，强度达到 10^{19} W/m²。光子产额几乎恒定在几百 eV 以上[1.82,1.83]。该系统代表了一种强烈的软 X 射线辐射源，它可以与同步辐射有关的光谱强度很好地竞争，但比电子加速器和储存环便宜得多。

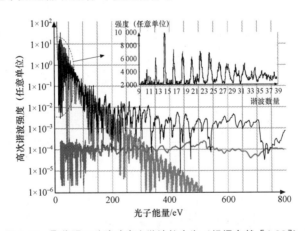

图 1.58 聚焦强飞秒脉冲高次谐波的产生（根据文献［1.83］）

由于第 n 次谐波的强度与基波强度的 n 次方成正比，在飞秒脉冲的峰值期间优先产生高次谐波，因此它们的时间特征曲线比基本脉冲窄得多。由于这个过程，在远紫外线下 X 射线脉冲可用于波长 $\lambda_X = \lambda_F / n$。

示例 1.7： 在 $\lambda_F = 500$ nm 和 $n = 100$ 的情况下，高次谐波的波长为 $\lambda_X = 5$ nm，其

在软 X 射线区域中并且可以用于超快过程的 X 射线诊断。

高次谐波优先在基波的电场具有最大值时产生。因此，在光学飞秒脉冲的每半个周期发射阿秒脉冲。这意味着飞秒脉冲高次谐波产生过程会导致产生一串具有两倍基波振荡周期重现率的阿秒极紫外（XUV）脉冲。Corkum 及其同事已经证明，使用光学参量放大器的三个激光频率，可以从激光脉冲获得单个的阿秒脉冲[1.84,1.85]。

不用原子束中的孤立原子作为非线性介质，固体表面也能产生高次谐波。几个周期的超强激光脉冲与固体表面的相对论相互作用会产生致密的等离子体以及具有前所未有特性的高次谐波辐射[1.86]。与原子高次谐波产生（HHG）相比，孤立脉冲的产生对于宽范围的频率似乎是可行的，相对带宽高达整个谐波频谱的 50%，这意味着孤立 XUV/软 X 射线脉冲的持续时间为几个阿秒。此外，几个周期驱动表面 HHG 效率预计将超过原子 HHG 效率几个数量级。产生单个阿秒脉冲的可能性让我们看到阿秒泵浦/阿秒探针光谱的前景[1.87]。

4. 超短光脉冲的测量光谱和时间特征曲线

超短激光脉冲通常表现出时间相关的频率特征曲线，其中脉冲的光学频率在脉冲宽度 ΔT（啁啾）期间改变。此外，由于空气和所有光学元件在脉冲通过时的发散，其时间特征曲线和频率曲线可能会在从产生点到测量点的路径上发生变化。有几种检测方法可以测量脉冲的时间和频率特征曲线[1.88~1.90]。

其中之一是 FROG（频率分辨光学门控）方法，这种方法已在本丛书的《先进激光技术》中进行了讨论。最近开发出了一种直接电场重建的新技术[1.89]，其直接在波谱测定的相互作用点上不仅能够测量瞬时形状，而且能够测量超短脉冲的相位。它也被称为 SPIDER（Spectral Phase Interferometry for Direct Electric Field Reconstruction，直接电场重建的光谱相位干涉法），是对光谱剪切干涉测量的一种改良，后者更依赖于能够表征两个波前复制品之间的干涉的测量，图中显示为沿空间 x 轴的少量 X（见图 1.59）。对于电场

$$E(x) = \sqrt{I(x)}e^{i\varphi(x)} \qquad (1.72a)$$

其会干涉其自身的空间移位复制品

$$E(x+X) = \sqrt{I(x+X)}e^{i\varphi(x+X)} \qquad (1.72b)$$

干涉图样由平方律检波器记录为

$$S(x) = I(x) + I(x+X) + 2\sqrt{I(x)}\sqrt{I(x+X)}\cos[\varphi(x) - \varphi(x+X)] \qquad (1.72c)$$

在点 x 的强度测量与在点 x 和点 $x+X$ 处初始波前相位之间的相位差直接相关

$$\Delta\varphi(x) = \varphi(x) - \varphi(x+X) \qquad (1.72d)$$

可以通过傅里叶变换技术提取干涉图样的相位差[1.90]。

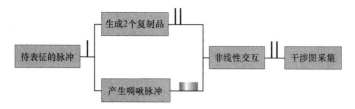

图 1.59　SPIDER 检测技术的实验装置（根据文献［1.66］）

现在，通过色散介质发送由分束器从初始脉冲获得的第三个脉冲，其中脉冲获得一个频率啁啾并且变得更宽。它叠加在一个具有两个短未知脉冲的复制品的非线性晶体中。在短脉冲期间，啁啾脉冲可以被认为是单色的，但是在两个复制脉冲之间的延迟时间 $\tau = X/c$ 期间，啁啾脉冲的频率已经从 ω_c 变为 $\omega_c + \Omega$。因此，和频发生相应的改变。

在和频生成后，由平方律检测器测量的总信号如下式所示：

$$S(\omega_s) = I(\omega + \omega_c) + I(\omega + \omega_c + \Omega) +$$
$$2\sqrt{I(\omega + \omega_c)}\sqrt{I(\omega + \omega_c + \Omega)} \times$$
$$\cos(\phi(\omega + \omega_c) - \phi(\omega + \omega_c + \Omega)) \qquad (1.72e)$$

该信号包含关于未知脉冲的相位和光谱曲线的所有信息，这些信息可以通过测量信号的相位差 $\Delta\phi = \Omega/\tau$ 相关延迟时间 τ 函数的傅里叶变换获得。

SPIDER 技术的优点可概括如下：

（1）实验装置简单，不涉及任何移动部件。

（2）使用一维光谱仪测量干涉图。

（3）实验痕迹的采集是一次完成的。

（4）通过实验数据可很快地重建脉冲形状，对噪声背景表现出较低的敏感度。

一个缺点是该技术不能表征实验位置处的脉冲，因为它们在实际表征之前将光束分裂，从而引入通过材料分散的附加相位。因此，已经开发了一种对 SPIDER 技术的改良版[1.88~1.90]，其被称为 ZAP–SPIDER（零附加相位 SPIDER）。

其基本原理是基于一对彼此频谱相对移动且有时间延迟脉冲之间的干涉（见图 1.60）：待表征的未知脉冲被发送到一个非线性晶体，在那里，它与两个来自不同方向的同一父脉冲复制品的强啁啾辅助脉冲重叠。三个脉冲之间的非线性相互作用，在和频和差频处形成两个近似单色脉冲，和频和差频在 BBO 晶体中与待表征的脉冲重叠。对于可见脉冲，调整晶体进行和频混频，并调整用于差频混频的 UV 脉冲。改变未知脉冲和辅助脉冲之间的时间延迟可使未知脉冲与具有不同频率（由于强啁啾）的脉冲混频。由于非线性晶体中的相位匹配条件，可获得两个中心频率为 ω_0 和 $\omega_0 + \Omega$ 且在两个不同方向上传播的频谱剪切复制品。两个脉冲在光谱仪中以小延迟 τ 重新组合。通过得到的干涉图对剪切频率对之间的相位差进行编码。然后通过傅里叶变换和特殊的滤波技术获得未知脉冲的完整频谱相位[1.89]。

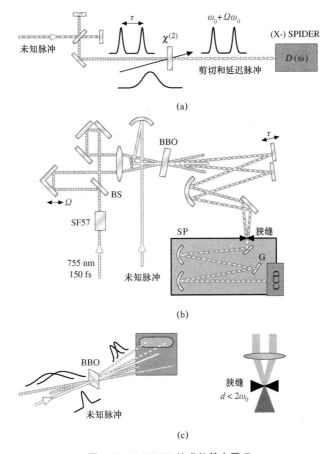

图 1.60　SPIDER 技术的基本原理

（a）ZAP－SPIDER 方法的实验装置；（b）实验装置（SF57 为色散玻璃，
BS 为分束器，Ω 为调整光谱剪切的延迟，τ 为调整平均条纹间隔的延迟）；
（c）两束空间分离的光束的干涉聚焦成一个狭窄的狭缝（根据文献［1.68］）

可以在文献［1.90］中找到不同超短光脉冲测量技术之间的比较。

5. 阿秒脉冲时间特征曲线的测量

可以使用光场驱动的阿秒条纹来测量阿秒脉冲的时间特征曲线，其与上面讨论的 FROG 技术类似[1.91]。光束中的原子被阿秒真空紫外（VUV）激光脉冲电离。光电子以平行于激光场的方向释放，时间特征曲线如图 1.61 中激光电场曲线所示。它们的初始速度变化与释放时刻激光场的矢势成正比（如黑色曲线所示）。在激光场的半周期内，该矢势是单调的，并且允许从光电子的最终能量分布中导出阿秒 XUV 脉冲的强度分布。

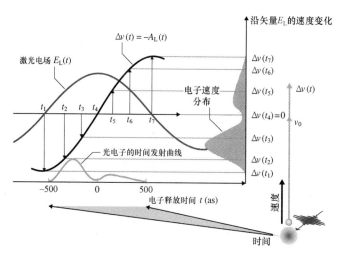

图 1.61　光场驱动的阿秒条纹方案（根据文献［1.91］）

1.2.3　时间分辨光谱学

本节将讨论一些能够在微秒到阿秒的时间分辨率内研究动态问题的技术。我们将首先讨论转移到时域内测量吸收光谱的敏感方法。然后展现一个老问题，即确定原子和分子的激态寿命。这些寿命测量可产生非常准确的转换概率值，并且与线强度的测量一起给出诸如关于恒星大气中不同元素发布量的信息。

1. 光腔衰荡光谱学

在过去的几年中，一种新的非常灵敏的吸收光谱技术被开发出来，其被称为光腔衰荡光谱技术（CRDS）。它通过监测腔内存储辐射功率的时间衰减来测量置于光腔内的样品吸收[1.92]。

这项技术不是测量常规吸收光谱中入射功率与辐射传输功率之间的微小差异，而是测量在腔内往返多少次后功率才能下降到初始值的 $1/e$。其基本原理可以理解如下：

当输入功率为 P_0 的激光脉冲被发送到具有两个高反射镜的光腔中时，脉冲将在两个反射镜之间来回反射（图 1.62（a））。每次往返时，都有小部分通过端镜 M_2 传送到检测器。在镜面反射率 $R_1 = R_2 = R$ 时，传输率 $T = 1 - R - A$，其中 A 包括腔的所有损耗（吸收、衍射以及除吸收样品诱导的损耗之外的散射），第一输出脉冲的传输功率为

$$P_1 = T^2 e^{-\alpha L} P_0 \qquad (1.73a)$$

式中，α 是镜面间隔为 d 的光腔内吸收长度为 L 的吸收样品的吸收系数。如果样

品填满整个腔体，可得到 $L=d$。对于每个额外的往返行程，脉冲功率以因子 $R^2\exp(-2\alpha L)$ 减少：在 n 个往返行程之后，第 $n+1$ 个脉冲的输出功率已降低到

$$P_{n+1} = (R \cdot e^{-\alpha L})^{2n} P_1 \qquad (1.73b)$$

式中，$R=1-(T+A)$，$A+T \ll 1 \to \ln(1-A-T) \approx -(A+T)=R-1$，从而可以写成

$$P_{n+1} = P_1 e^{-2n(1-R+\alpha L)} \qquad (1.73c)$$

两个连续脉冲之间的时间间隔等于往返时间 $T=2d/c$。离散脉冲序列的包络线是谐振器与吸收样品输出功率的连续衰减函数：

$$P(t) = P_1 e^{-t/\tau_1} \qquad (1.73d)$$

式中，时间常数为（见图 1.62（b））

$$\tau_1 = \frac{d/c}{1-R+\alpha L} \qquad (1.74a)$$

空腔（$\alpha=0$）具有较长的衰减时间

$$\tau_2 = \frac{d/c}{1-R} \qquad (1.74b)$$

衰减时间倒数差

$$\frac{1}{\tau_1} - \frac{1}{\tau_2} = \left(\frac{c}{d}\right) \cdot \alpha L \qquad (1.75)$$

直接可得到吸收率 αL。

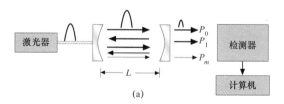

(a)

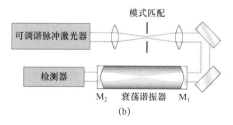

(b)

图 1.62 光腔衰荡光谱的实验装置及原理

（a）光腔衰荡光谱的实验装置；
（b）使用模式匹配光学器件将入射激光束耦合到衰荡腔中

示例 1.8：当 $R=0.999$，$d=L=1$ m，$\alpha=10^{-6}$ cm^{-1} = 10^{-4} m^{-1} 时，得出 $\tau_1=3.03$ μs，$\tau_2=3.33$ μs。差别很小。然而，当 $R=0.9999$ 时，可以得到 $\tau_1=16.5$ μs 和 $\tau_2=33$ μs。这证明了腔镜的高反射率是多么重要。

更细致的 CRDS 处理必须考虑腔的模式结构，因为只有在与腔的光学模式匹配的高频率下才能获得腔的高 Q 值。对于激光脉冲中所有波长为 λ 的脉冲，当 $v_i=c/\lambda_i \neq m \cdot c/(2d)$ 时，腔 Q 和灵敏度将会很小。因此，这些波长下的小吸收线可能会检测不到。这个问题有几种解决方案：

（1）激光脉冲被发送到高 Q 腔而没有模式匹配光学器件。然后它不仅激发纵向模式，而且激发许多横向模式。在非共焦腔中，这些横模的频率间隔紧密并且填充了纵模之间的频率间距 $\Delta v=c/(2d)$。它们的频率间距比吸收线的多普勒宽度更小，从而确保检测到了所有吸收线。这种方法的优点是不需要模式匹配光学器件的简单实验装置。它的缺点是灵敏度较低，因为平均所有横向和纵向模式产生的 Q 值比单个纵向模式的 Q 值小。

（2）通过一个合适的光学系统将输入脉冲的相前以合适的方法成像到腔体中，该方法必须确保它们与腔体基本模式的相前完全重合。这样就可提供尽可能高的 Q 值。然而，现在谐振腔长度必须稳定在激光频率上，并且必须在通过吸收光谱调谐激光频率时同步调谐，以确保空腔谐振模始终与激光频率共振。在该模式匹配设置下，光谱分辨率受到吸收线的多普勒宽度或给定傅里叶限制分辨率 $\Delta v=1/(2\pi\Delta T)$ 的脉冲长度 ΔT 的限制。

当通过调制器发送激光器的输出光束，且该调制器可形成期望长度 ΔT 的脉冲以及与空腔谐振模宽度匹配的光谱带宽时，可使用 CW 激光器达到最高的 Q 值，并因此而获得最高的灵敏度。由于该宽度 Δv 小于多普勒宽度，因此可以一次测量线轮廓并可以调查压力展宽的影响。在图 1.63 中示出了用外腔 CW 二极管激光器进行光腔衰荡光谱学的可能设置[1.93]。

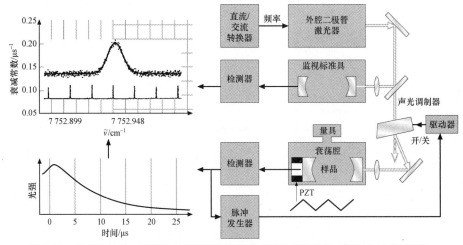

图 1.63　用 CW 外腔二极管激光器实现光腔衰荡光谱的实验装置（根据文献［1.73]）

输出光束由一个声光调制器产生脉冲，并且通过其上安装有一个反射镜的压电晶体上的锯齿电压缓慢改变衰荡腔的长度。

可实现的灵敏度受衰减时间 τ_1 和 τ_2 测量准确度的限制。这种准确度反过来受到衰减曲线噪声的限制。噪声的主要来源是激光器的强度波动和腔体长度的波动和漂移。

基于外差测量可获得一种至少可部分消除这种噪声的特别灵敏的技术（见图 1.64）。

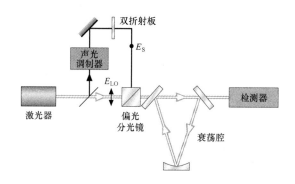

图 1.64　衰荡信号的外差检测（根据文献 [1.74]）

CW 激光器的输出光束被分成两个分光束。其中之一通过模式匹配光学器件直接发送到空腔中，该空腔在激光频率上是稳定的。该腔的输出信号被用作局部振荡器。

第二个光束的光学频率由声光调制器以模间距 $\Delta v = c/(2d)$ 精确偏移，从而匹配相邻模式。该信号光束的振幅以 40 kHz 的频率进行调制。两个分光束在进入腔体之前再次叠加并与两个相邻的纵腔模共振。检测器测定的传输功率为

$$P_t \approx \left| E_S(t) + E_{LO} \cdot e^{i(2\pi t \delta v + \phi)} \right|^2$$
$$= \left| E_S(t) \right|^2 + \left| E_{LO} \right|^2 + 2E_S E_{LO} \cos(2\pi \delta v t + \phi) \qquad (1.76)$$

而第二束由 25 μs 脉冲宽度的脉冲组成，并且导致发射信号指数式衰减，而第一束的功率是恒定的，因此可用于稳定光腔。

式（1.76）中的干涉项是局部振荡器大振幅（注意：在 $A \leqslant 1$ 且 $\alpha L \leqslant 1$ 下，CW 波束的发射振幅为 $A_t = (1-A)^2 \cdot e^{-\alpha L}$，几乎与入射幅度相当）和小得多的调制信号光束幅度 E_S 的产物。在频率 $\Delta v = c/(2d)$ 处测量这个干涉项的衰减可产生一个更大的信号，这是利用传统腔衰荡技术获得的，该衰减技术现在以时间常数 2τ 衰减，但具有更好的信噪比。

脉冲 CRDS 与傅里叶光谱的结合将 CRDS 的灵敏度与傅里叶光谱的复合优势相结合[1.94]。假如光源的光谱强度分布在测量过程中是已知的并且是恒定的，与一般

的 CRD 光谱相同，测量不受光强波动的影响。

CRDS 的另一个改良是相移 CRFS。其中，吸收光谱是从经过强度调制的 CW 光束在穿过高 Q 光学腔时经历的波长相关相移（PS）的测量中提取的。入射光是根据

$$I = I_0[1 + a \cdot \sin(\Sigma\, t)]$$

调制的，并且对于与吸收线重合的入射光频率，由激发分子发射的荧光表明在相同频率 Σ 处的调制为

$$I_{Fl} = I_{Fl_0}[1 + b \cdot \sin(\Sigma\, t + \phi)]$$

但是其与受激分子寿命 τ 相关的相移 ϕ 可表示为

$$\tan\phi = \Sigma \cdot \tau$$

由于 PS–CRD 测量方法不受光源强度随机波动的影响，可以在任何腔体长度不稳定的情况下在腔体中实施该方法，如文献［1.95］中详细说明的那样。

有关 CRDS 的更多信息可从文献［1.92，1.96，1.97］中获得。

2. 寿命测量

在时间 $t = 0$ 时，自由原子的激态 $|i\rangle$ 光子数 N_i 从数值 $N_i(0)$ 指数式衰减到 $t > 0$ 时的

$$N_i(t) = N_i(0) \cdot e^{-t/\tau} \qquad (1.77)$$

数量 τ 是状态 $|i\rangle$ 的平均自发寿命，它与总跃迁概率 A_i（$A_i = 1/\tau$）相关。激发价的典型电子寿命值在纳秒范围内。

如果激发的原子 A 与其他原子或分子 B 碰撞，则其粒子数可能因弹性碰撞而额外减少。这种失活碰撞率为

$$R_i = N_B \cdot \sigma_{inel} \cdot \langle v_r \rangle \qquad (1.78a)$$

其取决于碰撞截面 σ_{inel} 和相对速度 v_r 以及碰撞对 B 的数密度 N_B。然后失活激发态 $|i\rangle$ 的总跃迁概率增加到

$$A_i^{eff} = A_i^{spont} + R_i \qquad (1.78b)$$

并且激发态的有效寿命根据下式降低：

$$\frac{1}{\tau_i^{eff}} = \frac{1}{\tau_i^{spont}} + R_i \qquad (1.79)$$

用于测量寿命的实验技术取决于 τ 的量级。对于微秒至纳秒范围内的寿命，原子可以通过短的激光脉冲（如纳秒脉冲）来激发，并且可用快速示波器监测激光诱导荧光的衰减。数字瞬态记录仪可以以皮秒范围内的时间分辨率测量衰减曲线。

对于强度较小的情况，另一种方法更适合。它基于单个荧光光子的时间相关光谱[1.98]。其原理如图 1.65 所示。锁模腔倾卸式 CW 激光器发出的短脉冲以正则时间序列辐射样品原子或分子。选择腔倾卸频率，使其确保两个连续脉冲之间的时间间隔至少是受激分子预期寿命的 3 倍。每个激光脉冲的一小部分被发送到快速光电二极管上，该光电二极管传送触发信号以定义时间–振幅转换器 TAC 的起始时间 $t=0$。该 TAC 提供斜坡电压 $U=a \cdot t$。

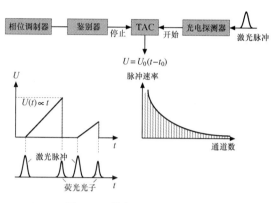

图 1.65　单光子延迟重合技术

在激发脉冲停止斜坡走势之后的时间 t_1 处检测到的第一个荧光光子。输出电压 $U=a \cdot t_1$ 存储在多通道分析仪或计算机中。测量多个事件产生衰减时间的概率分布，其给出式（1.77）的指数衰减。检测到的荧光率应该小于激光脉冲的重现率 $f=1/T$，以确保在两个激励脉冲之间的时间 T 期间至多检测到一个荧光光子。如果斜坡时间为 50 ns，且有 1 000 个通道，则时间分辨率为 50 ps。为了减少时幅转换器的死区，时间序列通常是反相的：TAC 由荧光光子启动，在激发脉冲之后的时间 t_1 时发射并且由下一个激发脉冲停止。由于来自锁模激光器的脉冲重现率非常稳定，因此可以从测量的时间差 $T-t_1$ 直接推断出真正的延迟时间 t_1。图 1.66 描述了该方法的整个设置，并给出了具有反向时标的 Na_2 分子激发能级的衰减曲线图[1.99]。

3. 泵浦和探针技术

如果要求时间分辨率在皮秒至飞秒范围内，则电子设备的直接检测速度是不够快的。为此开发了一种新技术，它使用快速泵浦脉冲激发或消耗原子或分子中的特定能级，并且使用延迟的快速探针脉冲在受控时间延迟下探测泵浦脉冲的影响（见图 1.67）。通常两个脉冲来自相同的激光器。激光器的输出脉冲被分束器分成两部分，它们在通过第二分束器重组之前经过不同的路径长度。泵浦脉冲耗散掉分子中泵浦跃迁较低能级的粒子并将这些填充到较高能级。探针脉冲探测较低能级的耗散，也可以进一步激发受激分子。可以监测激发能级的荧光强度（见图 1.68），测量与泵浦和探针之间延迟时间成函数关系的探测能级|2) 激光诱导荧光强度。如果光子能

量的总和高于电离极限，则探针激光器甚至可以使激发的分子电离。通过作为泵浦脉冲延迟时间 t 函数的离子速率 $N_{ion}(t)$ 的测量结果可以得出较高能级 $|1\rangle$ 的时间相关的光子数。

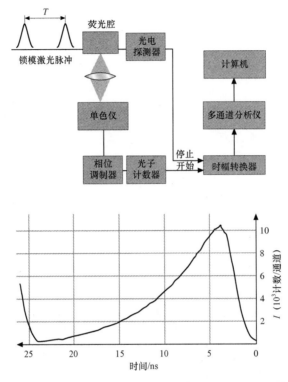

图 1.66　Na_2 分子激发 $B^1\Pi_u$ 态的寿命测量和衰变曲线的实验装置（时标从右向左）

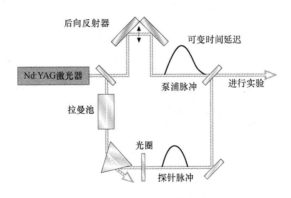

图 1.67　泵浦和探针技术

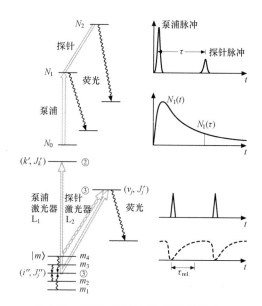

图 1.68　泵浦和探针技术可能的能级方案

耗散的低能级可以通过高能级荧光或非弹性碰撞再填充。弱探针脉冲通过测量由探针脉冲引起且与延迟时间成函数关系的荧光强度来监测这种再填充过程（见图 1.68），因为荧光强度与较低能级的光子数成正比。利用这种技术，可以实现几飞秒的时间分辨率。需要注意的是，检测器的时间分辨率可能会更差。

通常希望泵浦和探针激光器具有不同的波长。当两个不同的激光器用于泵浦时，即使两个脉冲之间的时间同步良好，也会显示出可能高达几纳秒的抖动。因此无法实现飞秒范围内的时间分辨率。然而，有几种办法可解决这个问题。如果可调激光器由短激光脉冲泵浦，则一部分泵浦脉冲能量可用作实验的泵浦，可调激光脉冲作为探针。另一种方法则利用了固定频率激光器的拉曼位移。在拉曼移位器中选择不同的分子，将探针脉冲的波长相对于泵浦脉冲的波长偏移到与样品分子的另一个跃迁共振。利用这种技术，可以监测除泵浦跃迁光子外的其他振动或旋转能级的时间相关光子数。

一项更通用的技术是使用白光源作为泵浦，使用一个 NOPA 作为探针（见图 1.69）。如果 NOPA 的输出在样品中与白光源的连续光谱叠加，白光源也是由泵浦 NOPA 的同一掺钛蓝宝石激光器产生的，这样就可以使用泵浦和探针技术测量白光源带宽内样品的整个光谱范围和样品分子的动态，其中泵浦和探针之间的延迟可以通过适当的光学延迟线进行机械调整。

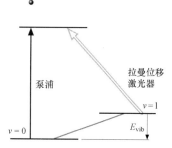

图 1.69　用拉曼位移探测光束进行泵浦和探针实验的能级示意图

4. 示例

这种泵浦和探针技术的应用实例包括对碰撞诱导液体分子的激发振动能级快速弛豫过程进行测量[1.100]，其对化学反应起着重要作用。通过振动激发反应物增强反应速率可选择特定的反应。为了研究此过程，红外皮秒到飞秒激光脉冲被用作泵浦和探针。通过倍频可见激光，可以增加分子电子态激发的光子，其可以解离或者将它们的激发能量转移到碰撞中的碰撞对。泵浦和探针技术可以测量能量传输时间。

如果多原子分子在短激光脉冲中被两个或多个光子光致电离，受激分子离子可以进入激发态，这些激发态可以放射或解离成不同的中性或离子化碎片（见图1.70）。离子化碎片可以通过飞行时间质谱仪检测。可以通过用第二激光脉冲（探针脉冲）将它们离子化，来检测比在分子母体离子的低激发能量下更丰富的中性碎片。有趣的是，遵循激发母体分子中的反应路径会指向所测量的碎片，这些碎片通常涉及振动能量从电子到激发物质的能量转换。这可以通过改变泵浦脉冲和探针脉冲之间的时间延迟以及观察作为延迟时间函数的碎片质谱来实现[1.101]。

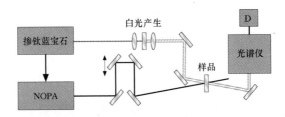

图1.70 带利用白光连续谱和非共线光学放大器的泵浦和探针技术，其可以在很宽的光谱范围内测量动态过程

1.2.4 相干时间分辨光谱学

虽然在前面的章节中主要将短脉冲的强度曲线用于许多实验的光谱测量，但关于光学振荡的相位信息也很重要。如果可以建立起光脉冲相位之间的明确关系，那么就可以控制激发态中分子波函数的相位，当然条件是这些相位是被这种相位控制脉冲激励的。在这些情况下，可以考虑提供这些状态及其时间演变相关的更详细信息的新干扰效应。我们将通过几个例子来说明这一点。

1. 量子拍频光谱学

量子拍频基于由短光脉冲从共同较低能级的两个或更多分子能级的相干同时激发（见图1.71）。

这些能级在激发脉冲的时间 $t=0$ 处的波函数是不同激发态的波函数的相干叠加，即：

$$\Psi(t=0) = \sum c_k \psi_k(0) \tag{1.80}$$

如果能级 $|k\rangle$ 随衰减常数 $\gamma_k = 1/\tau_k$i 下降到较低能级 $|m\rangle$，则波函数 $\Psi(t)$ 变为

$$\Psi(t) = \sum c_k \psi_k(0) e^{-i(\omega + \gamma/2)t} \qquad (1.81)$$

式中，$\omega = (E_k - E_m)/h$。如果这种衰减是由光子数密度衰减造成的，激发能级发射的荧光功率与转换矩阵单元的平方成正比，并且得到信号

$$S(t) \approx I_{Fl}(t) = C \left| \langle \psi_m | \boldsymbol{\varepsilon} \cdot \boldsymbol{\mu} | \Psi(t) \rangle \right|^2 \qquad (1.82)$$

式中，C 是一个常数因子，根据实验条件确定；$\boldsymbol{\varepsilon}$ 是发射光的偏振单位矢量；$\boldsymbol{\mu} = e \cdot r$ 是电偶极子算符。

如果将式（1.81）插入式（1.82），可以得到两个激发能级的例子和相等的衰变常数 $\gamma_1 = \gamma_2 = \gamma$，然后得到

$$I(t) = C e^{-\gamma t} [A + B \cdot \cos(\omega_{12} t)] \qquad (1.83)$$

式中，$A = c_1^2 \left| \langle \psi_m | \boldsymbol{\varepsilon} \cdot \boldsymbol{\mu} | \psi_1 \rangle \right|^2 + c_2^2 \left| \langle \psi_m | \boldsymbol{\varepsilon} \cdot \boldsymbol{\mu} | \psi_2 \rangle \right|^2$ 且 $B = 2 c_1 c_2 \left| \langle \psi_m | \boldsymbol{\varepsilon} \cdot \boldsymbol{\mu} | \psi_1 \rangle \right| \cdot \left| \langle \psi_m | \boldsymbol{\varepsilon} \cdot \boldsymbol{\mu} | \psi_2 \rangle \right|$。

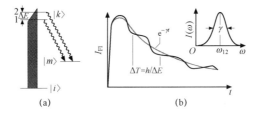

图 1.71 量子拍频

（a）能级图；（b）在两个相干激发能级的荧光中观察到的量子拍频以及拍频信号的傅里叶变换

强度 $I(t)$ 显示出通过频率 $\omega_{12} = (E_1 - E_2)/h$ 调制叠加的指数衰减，其中直接产生能级间隔 $\Delta E = E_1 - E_2$。

如果能级被外部电场或磁场分开，则测得的分裂在这些状态下产生电偶极矩。由于偶极矩取决于角动量的耦合，因此可以推断所研究状态的具体耦合图。通常，分子能级的总角动量由该能级与不同电子状态下的其他能级的耦合产生，例如单线态和三线态之间的自旋轨道耦合。在这种情况下，量子拍频谱可以给出关于这些耦合的有价值的信息，因为它同时测量寿命和能量分离。图 1.72 所示为丙烯分子中激发能级的塞曼量子拍[1.102]，其中测得的复合差拍信号的傅里叶变换产生所涉及的能级。

2. 分子波包动力学

时间分辨相干光谱的另一个例子是电子激发分子的波包动力学研究。具有光学频率 $\nu = E/h$，持续时间 Δt 和傅里叶限制能量宽度 $\Delta E = h/\Delta t$ 的飞秒泵浦激光器在能量范围 $E \pm \Delta E$ 内相干地激发一组振动能级。它们的波函数的叠加代表了一个波包，它随着电位内部和外部转折点之间的平均振动频率而移动。对于图 1.73 所示的 Na_2 分子的例子，波包由双光子从电子基态吸收激发到 $2^1\Pi_g$ 态。探针激光对激发分子的

进一步激发取决于泵浦和探针脉冲之间的延迟。如果此时分子被激发，当波包处于内部转折点时，分子 Na_2^+ 离子就会形成，而在外部转折点的激发导致解离成 $Na+Na^+$ 并产生原子 Na^+ 离子[1.103]。这是一个例子，说明如何通过选择泵浦脉冲和探针脉冲之间的适当时间延迟，选择特定的产品通道。

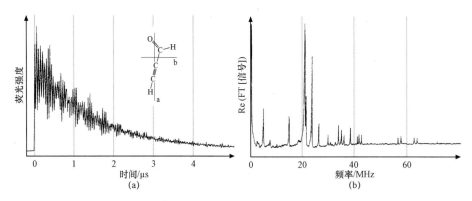

图 1.72 塞曼量子拍激发丙烯分子的荧光信号，其中至少 7 个能级被相干激发（根据文献［1.79]）

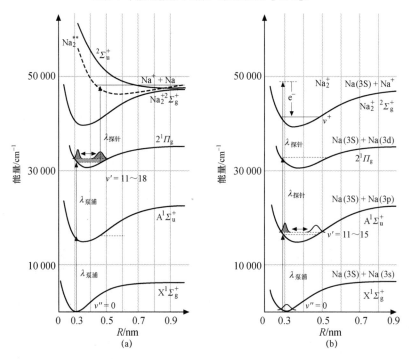

图 1.73 Na_2 分子解离和选择性电离的波包动力学及相干控制（根据文献［1.80]）

3. 光子回声

通过分子的时间分辨相干激发不仅可以获得关于总体衰变的信息，而且还可以获得关于相位的衰减。这可以通过光子回波技术来实现，可以理解如下。

假设 N 分子已经被从较低能级 $|1\rangle$ 进入较高能级 $|2\rangle$ 的短激光脉冲同时激发。跃迁 $|2\rangle \rightarrow |1\rangle$ 发射的总荧光功率由下式给出：

$$P_{F1} = \sum h\omega \cdot A_{21} \tag{1.84}$$

设 D_{21} 是跃迁 $|2\rangle \rightarrow |1\rangle$ 的偶极子矩阵元素，而 g_1 和 g_2 是能级 $|1\rangle$ 和 $|2\rangle$ 的统计权重因子，总和延伸到所有 N 分子上。

在时间 $t = 0$ 处的相干激发下，在能级 $|2\rangle$ 的 N 分子的波函数之间建立了确定的相位关系。因此得到

$$\left| \sum D_{12} \right|^2 = \left| N \cdot D_{12} \right|^2 = N^2 \left| D_{12} \right|^2 \tag{1.85}$$

而对于非相干激发，N 分子的相位是随机的，结果是 $N \cdot |D_{12}|^2$。这表明，在激发脉冲之后的时间 t 处，分子仍然同相的总荧光功率比非相干激发的大 N 倍。

为了产生光子回波，分子在时间 $t_1 = 0$ 时被一个 $\pi/2$ 脉冲激发（见图 1.74）。这是一种具有受控能量的脉冲，它将两个能级波函数的相位改变 $\pi/2$，并在能级 $|1\rangle$ 和能级 $|2\rangle$ 中产生相同的光子数密度。这样的系统表示的是一个具有振荡频率 $\omega_{12} = E/h$ 的振荡偶极子。

由于吸收跃迁 $|1\rangle \rightarrow |2\rangle$ 的有限线宽 $\Delta\omega$（如多普勒宽度），N 个分子的频率 ω_{12} 不是全部相等，而是分布在区间 $\Delta\omega$ 内。这导致在 $\pi/2$ 脉冲结束后 N 个振荡偶极子的相位以不同的速率发展。在仍小于总体衰减时间 T_1 但大于相位弛豫时间 T_2 的时间（$t_2 < T_1$）时，N 个偶极子的相位是随机分布的。

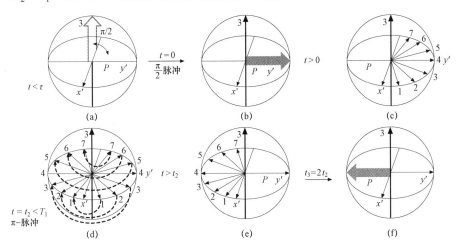

图 1.74　用于产生光子回波的脉冲序列和伪偏振矢量的时间演变，其中在 $t = 2\tau$ 时发射光子回波

现在分子在时间 $t = t_2$ 处被第二脉冲照射，其具有两倍于第一激发脉冲的能量。该脉冲反转感应极化的相位，因此称为 π 脉冲。它会导致每个偶极相位发展的逆转。在时间 $t_3 = 2t_2$ 之后，所有分子再次同相，并且它们发射与 N_2^2 成比例的信号，其中

$$N_2(2t_2) = N_2(0) \cdot e^{-2t_2/T_1} \qquad (1.86)$$

是处于激发态的分子群，其在第一脉冲激发后的时间 $2t_2$ 后存活。这个信号被称为光子回波。它比在所有时间 $t > 0$ 发射的非相干荧光强得多，但仅与 $N_2(t)$ 成比例。

由于具有纵向弛豫时间 T_1 的布居弛豫，光子回波的幅度随时间延迟而减小。

另外，通常更快的弛豫过程是具有横向弛豫时间 T_2 的相位弛豫。其产生可能有以下几个原因：

（1）相位扰动碰撞改变了振荡偶极子的相位，因此阻止它们在 $t = 2t_2$ 时全部同相。由于这种碰撞产生均匀的线宽，所以这种对回波衰减的贡献是均匀的部分。

（2）多普勒宽度内分子的不同速度也导致不同的相移（不均匀部分）。

然而，第二个贡献并不妨碍偶极子在回波时间 $t = 2t_2$ 恢复其相位，因此不会减小光子回波的幅度。因此光子回波的衰变时间的傅里叶变换给出无多普勒线宽。

系统的时间演变可以通过伪偏振矢量来最好地描述，其被定义为

$$P = \{P_x, P_y, P_z\}$$

式中，P_x 和 P_y 描述了沿 z 方向传播的光波的原子极化分量，$P_z = D_{12} \cdot \Delta N$ 是两个能级之间的跃迁偶极矩 D_{12} 和布居差 $\Delta N = N_1 - N_2$ 的乘积。P 的时间发展描述了分子系统的时间依赖性极化。这在图 1.75 中已示意性地给出，其中弛豫过程已被忽略。

关于光子回波及其应用的更详细的信息可以在文献 [1.104，1.105] 中找到。

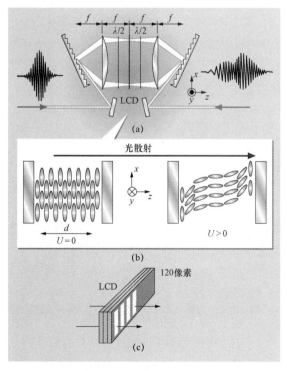

图 1.75　通过控制液晶掩膜中透明像素的折射率来进行相干控制的脉冲整形
（a）系统示意图；（b）极化示意图；（c）液晶控制示意图

1.2.5　短激光脉冲的应用

本节将介绍一些在 $10^{-9} \sim 10^{-17}$ s 时间范围内的短激光脉冲的选定应用，以提供在不同时间域内光脉冲的各种可能应用的情况。

1. 在化学和分子动力学中的应用

化学家的梦想是通过正确形成的激光脉冲激发来控制化学反应。通过一种称为相干控制的方法，这个梦想至少在一些有利的情况下变得真实。其实施要求非常短的激光脉冲，原因为：为了增强特定的反应，必须激发特定的分子能级，该分子能级衰变到希望的反应通道中。电子激发分子中的状态密度随着激发能量和分子中原子的数量而强烈增加，并且不同状态之间的相互作用也增加。即使单个选定的等级被光子吸收激发，激发能量也能在很短的时间内在许多相互作用的状态之间传播，从而得出希望的选择性。因此，在能量再分配之前，必须已经开始进行期望的反应。相干控制方法可以克服这些困难，因为它使用飞秒脉冲并准备有利的激发状态，从而导致所需反应的优化。其基本原理如下：

激发的多原子分子的反应路径通常取决于分子波函数在该状态下的空间分布，其可以通过激发脉冲的形状和频率分布来控制。当所研究的分子受特定时间分布的飞秒脉冲激发时，监测所需反应的速率并作为优化过程的输入信号，其中脉冲的时间曲线被修改，直至达到最佳反应速率。即使激发态波函数的详细性质未知，也可以实现这种优化。由于分子波包的空间和时间分布是由具有受控时间-频率和相位分布的超短激光脉冲的相干激发产生的，所以该技术被称为相干控制。脉冲整形（见图 1.75）可以按如下方式进行。

入射光束被透镜焦平面中的光栅衍射。由于衍射角取决于波长，所以脉冲中的不同光谱分量在空间上分离并且穿过由许多液晶像素组成的掩膜。这些像素的折射率可以通过适当的施加电压来控制，从而引起通过不同像素的光的受控相移。这些相移对于不同的光谱分量可以独立地改变。在穿过第二透镜之后，该第二透镜将平行光重新聚焦到重新组合空间分离的光谱分量的第二光栅上。它们的叠加形成了一个脉冲形状，这取决于这些光谱分量的幅度和相位，并且因此可以通过施加到像素的电压来改变，这些像素又被优化信号控制。学习算法以小步进改变不同电压，直到实现反应速率的总体最优化[1.106~1.108]。

这项技术已经成功地应用于许多分子[1.109]，甚至包括生物大分子，如类胡萝卜素分子，这些分子在光合作用捕光中起着重要作用[1.110]。

在许多情况下，在电子基态中激发较高振动能级可以显著增强化学反应，特别是如果局部键可以被激发。例如，在乙烯 $CH_2 = CH_2$ 中涉及双键的局部振动的激发将导致两个 H_2 基团的碎裂，而单键的激发将从氢原子裂开。为了激发所需的振动模式，需要在红外光谱区域中进行脉冲整形。不幸的是，没有用于中红外的液体掩膜。然而，可以通过非线性晶体中的差频混合将可见脉冲的脉冲形状转换为具有红外差频的脉冲[1.111]。

飞秒光谱学在快分子过程中的应用使得人们首次能够实时观察化学键的断裂和形成。我们将通过一些例子来说明这一点。第一个是 NaI 的光解离[1.62, 1.112]。NaI 的绝热势能图（见图 1.76（a））显示了两个相互作用的中性原子 Na+I 的排斥势与离子 $Na^+ + I^-$ 的吸引库仑势能之间避免交叉，其主要负责在小核间距离 R 处 NaI 的强结合。如果分子 NaI 被波长 λ_1 的短激光脉冲激发，质量 μ 减小的激发分子开始以速度 $v(R) = [(2/\mu)(E - E_{pot}(R))]^{1/2}$ 朝向较大的距离 R 移动。当其在 $R = R_c$ 处到达避开的交叉点时，其可以停留在势能曲线 $V_1(R)$ 上并在 R_1 和 R_2 之间来回振荡，或者可以打开通道到势能曲线 $V_0(R)$，在那里分成 Na+I。

这可以用一个波长为 λ_2 的探针脉冲来测量，该波长被调谐成与从 $V_1(R)$ 到离解成 $Na^* + I$ 的激发态势能 $V_2(R)$ 的跃迁共振。由于解离时间（几皮秒）与激发的 $Na^*(3p)$ 原子的寿命相比非常短，所以解离 NaI* 分子几乎仅在 $\lambda = 589$ nm 处发射原子共振荧光。监测作为延迟时间函数的原子荧光的强度，得到解离过程的时间特性：如果探针激光器波长 λ_2 被调谐到在 $R < R_c$ 处的跃迁，则获得图 1.76（b）中的下部曲线，证明系统在 R_1 和 R_2 之间振荡，而对于 $R > R_c$ 来说，获得了上部曲线，得出了电势 V_0（$R > R_c$）中的分子数。

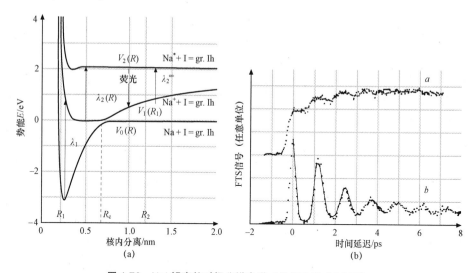

图 1.76 NaI 解离的时间分辨光谱（根据文献 [1.90]）

（a）在 λ_1 泵浦跃迁和 $\lambda_2(R)$ 探头跃迁的电位图；（b）作为延迟时间 Δt 的函数的原子 Na 荧光 $I_{Fl}(\Delta t)$，其中 λ_2 调谐至 Na 原子转变（曲线 a），并调谐至 $\lambda_2(R)$，其中 $R < R_c$（曲线 b）

第二个例子是二苯乙烯的异构化，即激发的二苯乙烯形成反式－顺式－二苯乙烯的光致结构变化（见图 1.77）。由于结构变化也导致旋转常数的相应变化，因此旋转分子的泵浦和探针实验可以测量旋转周期并用它测量旋转常数[1.113]。

激发电子态的分子结构常常是未知的，并且由于异构化过程，甚至可能随着时间而改变。这里开发了一种非常优雅的技术，它基于激发分子的时间分辨劳厄图。

分子被飞秒脉冲激发。部分相同的激光脉冲被聚焦到目标上，在那里产生非常热的等离子体，该等离子体在飞秒到阿秒范围内发射短的 X 射线脉冲。它们用来采用受激分子的劳厄图。改变激发和 X 射线脉冲之间的时间延迟可以跟踪激发分子的结构变化[1.63, 1.64, 1.113~1.115]。

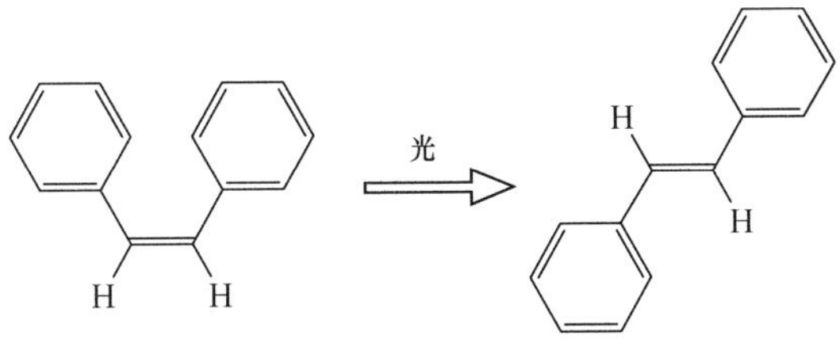

图 1.77　二苯乙烯的异构化

2. 生物学中的超快过程

许多生物反应的主要过程在飞秒时间尺度上进行。例子是光子激发后眼睛视网膜细胞中的视觉过程，或绿色植物的光合作用。对这一复杂过程中不同步骤的研究需要结合具有高时间分辨率和光谱选择性的光谱技术[1.116~1.118]。

视觉过程中视网膜分子在眼睛中的视紫红质激发之后的第一步是异构化过程，其中激发态中分子的结构以这种方式改变，即能量正在减少。这可以通过时间分辨拉曼光谱来研究，它给出了振动频率的信息[1.119]。

在绿色植物的光合作用中，捕光分子是类胡萝卜素，其吸收蓝绿色光谱范围并将其激发能量转移至叶绿素分子。这些转移过程与放射性失活相竞争。这两种过程都是在飞秒时间范围内进行的。这种转移过程的最终结果是叶绿素中的质子转移，这已被认为是绿色植物光合作用中最重要的过程。它由很多步骤组成，可以通过飞秒光谱进行跟踪。通过相干控制，可以抑制那些降低质子转移效率的中间过程，从而提高产量[1.120]。

3. 在医学中的应用

尽管对于许多医疗应用来说，超短激光器不起重要作用，但有一些例子，其飞秒脉冲优于更长的激光脉冲[1.121]，原因如下：飞秒激光器允许对人体施加高峰值功率但低能量组织。由于能量影响较低，因此可以避免高温，但由此产生的非线性效应会导致身体吸收线性区域的吸收。通过具有大数值孔径的显微镜发送激光脉冲，可以实现小焦点，并且可以进行微型手术。例如，这用于眼内和基质内屈光手术。高的峰值功率可能导致等离子体形成，随后的应力波进入周围组织和化学反应。如果已经精确知道不需要的破坏限制，那么可以用于想要的手术效果。因此，飞秒激光能够在生物介质中产生空间极其有限的化学、热和机械效应。

高时间分辨率必不可少的另一个领域是光学层析成像，此时激光的输出光束被分成一个参考光束和一部分发送到身体的一个选定部分（见图 1.78），例如进入大脑。

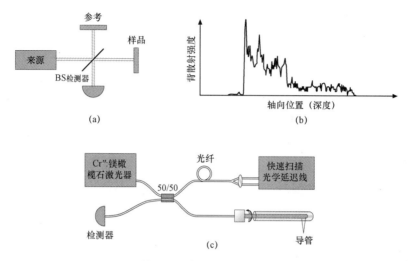

图 1.78　光学相干断层扫描

（a）光路示意图；（b）背散射强度和深度的关系；（c）装置示意图

根据参考信号和背散射信号脉冲之间的延迟时间来测量参考光束与从样品薄区域后向散射的辐射之间的干涉。组织成分的任何变化都会改变干涉图样。随着辐射源光谱宽度的增加，空间定位变得更好。因此通常使用发光二极管或宽带脉冲激光器。这项技术已被成功应用的例子是检测大脑或女性乳房肿瘤或可能导致心脏病发作的动脉斑块中的肿瘤[1.122]。

图 1.78（c）显示了一种使用光纤和光纤分束器的光学层析成像干涉仪的现代装置。

4. 在大地测量和环境研究中的应用

短激光脉冲非常适合精确的距离测量。当在时间 $t=0$ 发射脉冲并且在时间 $t=t_1$ 由一个目标反射脉冲时，在 $t=t_2=2t_1$ 时收到由望远镜收集的反向散射光。接收器和目标之间的距离是 $d=t_1/c$，其中 c 是光速。利用激烈的皮秒激光脉冲，宇航员在月球上放置的后向反射器与接收器之间的距离可以在几厘米内测量[1.123]。为了减小由衍射引起的光束的发散，必须用一个望远镜来放大激光束。

对于许多距离测量应用而言，这种方法已成为标准技术。对于较短的距离，脉冲二极管激光器具有足够的强度以提供良好的信噪比，以及在毫米～厘米范围内具有不确定性的精确度。

对于大气环境的研究，已经开发了不同的技术（见 1.3 节）。LIDAR（光探测和测距）基于大气中气溶胶的米氏反向散射。如果激光波长调谐到这些分子的吸收线上，则大气中的污染物分子导致光束的特定吸收，从而降低背散射脉冲的强度。对于激光雷达测量,在分子不吸收的吸收波长 λ_1 和波长 λ_2 处交替地测量反射散射强度。在时间 t 时测量的两个背散射强度的比率为

$$I_b(\lambda_1, t) = A \cdot \exp(-2\alpha_1 L)$$

$$I_b(\lambda_2, t) = A \cdot \exp(-2\alpha_2 L) \qquad (1.87)$$

式中,$L = t/c$ 是到后向散射目标的距离;$\alpha = N \cdot \sigma$ 是吸收系数,它取决于吸收分子的密度 N 和吸收截面 σ。对于两个接近的波长 λ_1 和 λ_2,散射截面差别不大。

如果在两个不同的时间 t_1 和 t_2 测量这个强度比信号,两个信号的比值就是在空间范围 $\Delta L = L_1 - L_2$（差分激光雷达）内发生的吸收[1.124]。

在飞秒级的太赫兹激光器中,可以沿着激光束产生长的等离子体通道[1.125]。由于折射率的非线性部分引起的自聚焦,激光束在大气中显示沿着光束通过一系列等离子体区域（如一串香肠）,发出明亮的白光。这些明亮的等离子斑点可以用作大气中空间定义良好且光谱宽广的光源。如果望远镜指向这些等离子体区域之一,则接收到的辐射已经穿过望远镜和光源之间的大气层。该层的最终吸收谱线可以在光谱上解析出来,并给出单个激光束在该层中的全部光谱吸收分子[1.126]。这种方法的优点是可同时检测所有吸收成分的全谱。它的缺点是只测量从辐射源到检测器的整个路径长度上的总吸收,而没有提供关于吸收分子密度局部变化的信息。通过观察延伸数百米的等离子体通道的不同部分,可以部分地补偿这个缺点。

5. 飞秒激光在材料科学与加工中的应用

半导体芯片的最终转换时间受激发电子的弛豫时间和扩散时间的限制。随着电子器件尺寸的减小,金属的电子性质随着纳米结构的尺寸而变化。这里飞秒光谱可以获得有关不同过程的信息。一个例子是研究单个银纳米颗粒中的电子晶格的相互作用[1.126]。

虽然脉冲宽度在毫秒至纳秒范围内的 CW 激光和激光脉冲中有很多应用,用于材料的焊接或切割,或用于将钻孔钻入特定的坚硬材料中,如钻石、陶瓷。但在材料加工中,短脉冲激光器也扮演着越来越重要的角色。其中机械钻头很难使用,飞秒脉冲具有特定的特性,这使得它们在许多情况下优于较长的激光脉冲。例如,对于直径小于 100 μm 但深度较大的钻孔,飞秒脉冲会产生更清晰和更好的孔。这是由于这样一个事实,即材料只是蒸发而不形成液滴,这会破坏火山口边缘[1.127~1.129]。

6. 阿秒脉冲的应用

尽管阿秒脉冲的首次实现仅有几年历史,但已经有许多应用。之前讨论的高次谐波产生超短的 X 射线脉冲,可以用于超快速过程的 X 射线诊断。一个例子是生成激发振动分子的劳厄图。因为对于普通的劳厄图,分子振动冲刷出分子的精确几何形状,与振动周期相比脉冲持续时间短的脉冲可以给出在特定振动时刻分子结构的

尖锐劳厄图。因此，当分子被激发时，可以获得关于分子几何结构变化的直接信息。对于生物分子而言，这种改变可能对分子的生物功能至关重要。实验技术使用基频或其二次谐波的飞秒脉冲激发分子和 X 射线阿秒脉冲，以相同的飞秒脉冲产生高次谐波，从而得到劳厄图[1.130]。

另一个有趣的应用是，激光产生的高温等离子体和惯性约束聚变的诊断。快速点火过程可在阿秒内发生，这些过程的详细诊断及其时间序列可能会导致更好地理解和优化激光诱导聚变过程[1.131]。

利用飞秒和阿秒脉冲可获得的高峰值功率可以产生高达 1 MeV 的高能量电子束。有的严格的估计甚至认为 GeV 电子脉冲可以由激光产生的等离子体中的尾场加速产生。这种新型的粒子加速器引起了广泛的兴趣，因为它也可能用于质子加速。虽然实际的实现可能仍然遥遥无期，但许多激光实验室和理论小组正在研究这个问题，并取得了越来越大的成功[1.132]。

一个非常有趣的领域是研究原子或分子光电离过程中的电子动力学。被射出的电子可能会被强激光场强迫返回离子核心，然后才能逃逸（见图 1.79（a））。由此产生的输出和返回电子的波函数之间的干扰给出了电子释放轨道的电子波函数结构的信息[1.133]。如图 1.79（b）所示，该技术可以被认为是类似于光学干涉测量法的分子干涉测量法。根据光场的相位，可以观察到射出的光电子的角度不对称，这可以用来测量光场的绝对相位[1.134]。

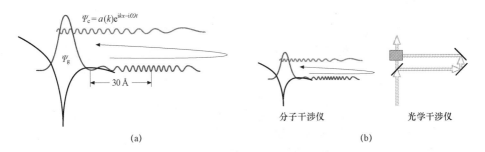

图 1.79　原子或分子光电离过程示意图

（a）通过高功率飞秒激光器的强场中的原子势的一维切割，示出了光解离和返回电子的波包路径；
（b）分子干涉仪和光学干涉仪之间的比较（根据文献［1.98]）

一个非常有趣的应用是开发用于观察从纳米结构表面发射的电子的阿秒光电子发射显微镜。这种装置将光电子能谱（分辨率约为 60 MeV）与电子显微镜的纳米（10～20 nm）分辨率相结合。阿秒的时间分辨率来自研究时激发之后的阿秒 XUV 探测光电子。这将是直接和非侵入性地获取纳米等离子体场的时空动力学[1.135]。

还有很多其他应用，例如内壳电离的时间分辨率、电子隧穿的时间分辨率或者在用阿秒脉冲激发后半导体中电子能量分布和时间发展的测量。更多信息可以在文献［1.135～1.138］中找到。

|1.3 激 光 雷 达|

1.3.1 激光雷达基础

激光雷达代表着光探测和测距，是雷达的光学计数器（无线电探测和测距）。顾名思义，我们在此讨论的就是远距离分辨映射技术，只是其中的微波发射器被脉冲激光系统所取代，使用光学望远镜和适当的检测系统来记录从固体目标或气溶胶粒子或大气分子反向散射的光子。距离信息可通过反向散射光子的时间延迟获得。固体或液体目标会在延迟的时间内引起反向散射辐射强烈的回声。

$$T = \frac{2R}{c} \tag{1.88}$$

式中，R 为距离；c 为光速。这意味着 $1\,\mu s$ 的时间延迟对应于 $150\,m$ 的距离。由此看到，典型长度为 $10\,ns$ 的激光脉冲可产生 $1.5\,m$ 的回波宽度（光在 $1\,ns$ 中可行驶 $30\,cm$ 的距离），可以获得相当好的距离分辨率。这是普通脉冲激光测距仪的基础。对于具有尖锐发射波长的激光，可在相同波长处检测到弹性散射回波。然而，也可以通过分子振动频率从激光频率偏移中检测到弱非弹性散射拉曼分量，特别是相对于所辐射的分子的。更明显的是，在长波长侧也可观察到来自目标分子的激光诱导荧光（LIF），特别是在激光以紫外（UV）波长发射时。LIF 信号通常频谱宽泛，但仍可获得目标分子的某些相关信息。相反，如果能将足够强大的激光束聚焦到目标上，则脉冲可以引起光学分解，并且可以记录来自热等离子体中自由原子和离子的LIBS（激光诱导分解光谱学）信号，从而提供元素信息。

当激光脉冲穿过它时，来自自由大气本身的信号可能会更加出乎意料。这是由于分别来自粒子和分子的弹性米氏和瑞利散射。另外，还可能出现拉曼和荧光信号。来自大气中的原子或分子的荧光通常由于碰撞失活而被猝灭，但是如果压力较低（如在地球的中间层中）则较为明显。参照图 1.80[1.139] 所示激光雷达测量方案，作为距离 R 函数的反向散射辐射强度 $P(\lambda, R)$ 可由以下公式得出：

$$P(\lambda, R) = CWn_b(R)\sigma_b \frac{\Delta R}{R^2} \times \exp\left\{ -2\int_0^R [\sigma(\lambda)N(r) + K_{ext}(r)]\mathrm{d}r \right\} \tag{1.89}$$

式中，C 为系统常数；W 为透射脉冲能量；$n_b(R)$ 为具有反向散射系数 σ_b 的散射体数密度。一般来说，信号适用于粒子弹性米氏散射占主导地位的真实大气。从式（1.89）中得出的预期观察结果主要是，信号以 $1/R^2$ 的相关性下降，基本上反映了正常的照明定律。此外，通过吸收浓度为 $N(r)$ 的分子或原子并具有波长相关吸收截面 $\sigma(\lambda)$ 在其经过两次的距离 R 上积分可得到指数光衰减。由于散射微粒具有可忽略的波长依赖性，所以小频率偏移也存在衰减 K_{ext}。在用于监测诸如空气污染物等小物质的差分吸收激光雷达（DIAL）方法中，可调激光器以相关吸收气体的波长 λ_{on} 和与其位置如此接近以致散射特性相同的非吸收基准波长 λ_{off} 进行间歇性发射。在一个计算机存储器中对所有共振激光雷达瞬变取平均值，在第二个中对所有非共振（基准）瞬变取平均值。然后，如式（1.90）所示将两个信号相除，并绘入图 1.80 中，这样就可以基本上消除所有未知系统和大气参数，仅留下与气体差分吸收系数相关的比率信号（理想情况下，非谐振截面为零，但情况并非总是如此）。

$$\frac{P(\lambda_{on}, R)}{P(\lambda_{off}, R)} = \exp\left[-2(\sigma_{on} - \sigma_{off})\int_0^R N(r)dr\right] \qquad (1.90)$$

我们注意到，现在消除了 $1/R^2$ 相关性，特别是比率与散射粒子的距离相关数量无关。

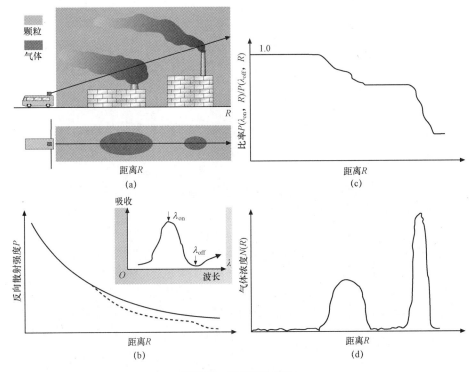

图 1.80　激光雷达原理
（a）工业设备中激光雷达测量的情景，以及从大气上方俯视剖面图；
（b）谐振波长和非谐振波长的 LIDAR 曲线；（c）相除的 DIAL 曲线，谐振波长/非谐振波长；
（d）选定方向的气体估计浓度（根据文献［1.139］）

因此，该方法可以在此关键参数未知的情况下工作。气体分子的距离分辨浓度可以通过如式（1.91）中所评估和图 1.80 所示比率曲线的斜率得到。显然，有用的测量距离会受信噪比的限制，对于很长的距离，基本上会成为零除零。在不同方向上的测量可以确定出气体分布的三维图像。

$$N(R, R+\Delta R) = \frac{1}{2\Delta R(\sigma_{on} - \sigma_{off})} \times \ln \frac{P(\lambda_{off}, R+\Delta R)P(\lambda_{on}, R)}{P(\lambda_{on}, R+\Delta R)P(\lambda_{off}, R)} \quad (1.91)$$

激光雷达工作是由 Fioccio 和 Smullin 开创的[1.140]。Shotland 对水蒸气进行了第一次 DIAL 工作[1.141]，并且 Rothe 等人[1.142, 1.143] 和 Grant 等人[1.144] 进行了空气污染物（NO_2）的早期 DIAL 实验。我们自己的 LIDAR 工作始于 1975 年。

激光雷达技术在许多专题论文[1.145~1.147]中都得到了广泛的讨论，文献[1.148, 1.149] 则代表了其相关的最新动态。激光大气研究国际协调组（ICLAS）会在两年组织一次国际激光雷达会议（ILRC），以报告激光雷达的最新成果。最近一次是 2010 年在俄罗斯圣彼得堡进行的[1.150]。会上所提及的文献提供了该领域的全面报道。在目前的报告中，将主要通过本作者的实验室实例对该领域加以阐述，关于这项工作的进一步信息可以在评论[1.151~1.153]中找到。

随后的部分将讨论激光雷达测量中使用的基本仪器。然后介绍大气应用，包括气象学、污染监测和空间实验。1.3.4 节则涉及固定目标上的激光雷达实验，其中包括高度计、LIF 和 LIBS 激光雷达应用。然后还将举例说明在诸如医学和材料科学等其他科学领域的非传统激光雷达的应用。本章最后部分则对一些结论进行了总结。

1.3.2　仪器

激光雷达系统由发射激光器、接收望远镜、探测器、信号处理电子设备和用于捕获信号和评估数据的计算机组成。系统可以固定安装，也可以安装在卡车、机载平台或卫星上。其还经常被用于探测某个区域的扫描激光束。激光发射器脉冲应提供足够的距离分辨率。为了研究大气中的粒子（即气溶胶），可以使用固定频率的激光器，例如，在 1 064 nm 工作的 Q 开关 Nd:YAG 激光器。现在，闪光灯泵浦逐渐被强大的二极管激光泵浦所取代，这些激光器具有更高的效率、更低的散热和更长的使用寿命。通常也会使用在非线性光学晶体中高效产生的 532 nm、355 nm 和 266 nm 发射谐波。由于米氏散射的波长相关性，使用多个这样的频率可以获得散射粒子大小的相关信息。很显然，粒子都以 σ_b 反向散射并以 K_{ext} 衰减。为了评估颗粒浓度和性质，必须建立这两个量之间的关系，这是为此目的而开发的反演算法的关键方面。为了使用 DIAL 方法，必须使用窄带可调激光器，在这里，可通过通常被用作泵的 Nd:YAG 激光器的二次或三次谐波来使用染料激光器或掺钛蓝宝石激光器。这种泵浦辐射也可以使用光学参量振荡器（OPO）在宽波长范围内进行频率转换。通过产生非线性谐波或与固定频率辐射的混合，可以获得从深紫外到中红外光谱区域的较大范围内的可调辐射。可通过氢气或氘气中受激拉曼散射进行粗调的准分子激光器有时也被用于紫外线区域，其主要用于臭氧监测。

通常使用扩束器将激光辐射以受控的发散方式发送到大气中。经常使用可折叠和光束定向镜将反向散射辐射引导到接收望远镜中，该接收望远镜通常是牛顿式或卡塞格林型的并且具有 10～100 cm 的典型直径。

激光束通常具有 1 mrad 的发散度，并选择通过使用适当孔径来匹配该值的望远镜视场。通过光电倍增管或雪崩光电二极管来检测反向散射光，该光电倍增管或雪崩光电二极管位于与检测波长匹配的窄带滤光片后面并阻挡日光。经常使用增益切换来处理另外获得的大信号动态范围。使用瞬态记录仪对信号进行数字化，并进行信号平均，直至在最长的关注范围内获得足够的信噪比。为了确定 DIAL 测量中式（1.91）的有效性（即在谐振和非谐振测量之间粒子散射没有变化），必须在相邻发射之间来回切换激光波长。

在没有高效和放大倍数可用的光电倍增管的 IR 区域，使用激光雷达信号的外差或相干检测可能更为有利。在检测器处将激光雷达信号与频率偏移激光频率混合，并且在中频处检测拍音。如果系统配备了可在激光雷达发射器中进行脉冲放大的 CW 晶种激光器，这种技术是最好的。晶种激光器也是适于外差检测的本地振荡器。显然，由于运动的大气颗粒会发生多普勒频移，这是激光雷达探测风速的基础。

当要检测来自固体目标的 LIF 或 LIBS 信号时，可用多通道光学分析仪来代替检测器，即后接选通和图像增强 CCD 的光谱仪。光谱仪可以通过光纤耦合到望远镜的焦平面，并通过适当的选通系统同时抑制环境光捕获每个激光照射的完整 LIF 信号或 LIBS 信号，当期望的信号存在时，环境光在短时选通过程中可以忽略不计。

图 1.81 显示了一个移动式激光雷达系统的例子[1.154]。目前被隆德大学使用的这个系统有一个作为发射器的 Nd:YAG 泵浦 OPO，它可通过非线性光学波长扩展覆盖 220～3 500 nm 的光谱范围。一个直径为 40 cm 的牛顿望远镜与一个顶部计算机控制的扫描镜结合使用，该扫描镜可为对准的传输和探测波瓣选择测量方向。门控光谱仪也可用于固体目标应用。配备一台电动发电机，由卡车牵引并提供电力的完全自主激光雷达系统可用于陆地和船载应用。本书图中所示的激光雷达实验都是通过该系统获得的。显然，机载或卫星安装的激光雷达系统必须满足严格的质量、效率和可靠性要求。我们将在下面进行进一步讨论。

1.3.3 大气激光雷达应用

1. 中间层

激光雷达技术在大气探测中有许多应用。其中一项就是专门研究高度约为 100 km 的中间层中陨石撞击地球上层大气时被汽化诸如钠、钾和铁等原子的低密度层。其压力非常低，激光激发物质（分别在约 589 nm、765 nm 和 372 nm）的碰撞失活可忽略不计，并且可以观察到明亮的原子荧光。这些层呈现引力波模式，并可以通过探测窄带激发激光温度的线形以及速度从线宽和偏移中推导出来。最近，明亮发射已被应用于激光导星中[1.155]，其中局部发射被用于主动控制天文望远镜以通过自适应光学系统来补偿大气湍流。

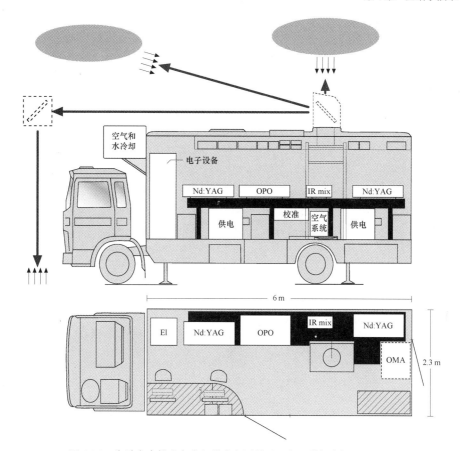

图 1.81　为垂直穿越或自由扫描大气测量以及向下进行水探测配置的
隆德大学移动式激光雷达系统（根据文献 [1.154]）

2. 气象学

准确的天气预报需要强大的预测模型和同等重要的准确输入数据。传统上，使用全球观测站点的天气观测资料。随着地球静止轨道气象卫星的出现，已经形成许多重要参数的全球覆盖。然而，为了提高预测精度，需要全球风场和垂直水汽廓线。这些信息可以通过激光雷达技术获得。实际上，我们已经在上面讨论了如何使用多普勒外差技术来测量相关风速范围。在直接强度测量中，也可以观察到散射分子和粒子谱线轮廓中的多普勒频移，其中使用窄带发射器来诱发散射以及采用所谓的双边缘技术来观察风致频率变化[1.156, 1.157]。通过在检测到的光路中使用法布里–珀罗干涉仪或光学厚度的原子或分子气室，可以部分地将它阻挡掉。当轮廓由于风而在频率上移动时，锐边滤波器可或多或少地消除部分光，数据可以转换为速度。在广泛的固定系统上和机载测试之后，该技术现已用于 ESA 的 AEOLUS 项目内的卫星全球覆盖，该项目使用 355 nm 的三倍频 Nd:YAG 激光器。

水蒸气可以通过 DIAL 测量，但也可以更简单地使用该高浓度分子的拉曼散射。

通过在例如 355 nm 处阻挡弹性散射的激光辐射，并且通过窄带干涉滤波器仅监测在 408 nm 处的拉曼－斯托克斯位移水汽线的强度，可以容易地获得数千米的垂直分布轮廓。

我们已经在上面讨论过，虽然气溶胶和云粒子产生强烈的弹性 Mie 散射信号，但由于反向散射和消光的相互作用，对其予以解释也是很复杂的。准确测量影响地球辐射束的气溶胶对评估全球气候变化和变暖非常重要。目前气溶胶负载的不确定性是模拟气候营力的最重要的不确定性[1.158]。通过使用主要物质为氮的均匀混合物产生的强拉曼散射，在以 387 nm 为中心的 355 nm 激发的情况下，可以独立地测量粒子消光，因为拉曼信号只能被粒子减少。与此相反，由粒子产生的弹性信号由于颗粒负载的增加而增加，但由于衰减而减小。通过研究检测到的初级线偏振激光的去极化，可以确定散射粒子的形状。球形粒子（如水滴）可保持初始极化，而细长粒子（如冰针和雪晶体）会显示出去极化。复杂的是球形颗粒中的多次散射也是去极化的。经过多年在固定和机载激光雷达装置方面的广泛研究，2006 年推出了专用卫星系统 CALIPSO，现在已使用多年，专为在 20 Hz 运行的 Nd:YAG 激光器所产生的 1 064 nm 和 532 nm 辐射来提供全球范围的粒子散射和去极化。

通过使用法布里－珀罗干涉仪或气体过滤器阻止峰谱尖锐的 Mie 信号（粒子仅仅因风而移动），而多普勒展宽的瑞利散射翼（分子以热速度移动，通常为几百米/秒）可通过，可以进一步分离由粒子和分子引起的反向散射信号。这种技术显然也会产生出测量大气温度距离分辨的可能方法。利用激光雷达测量温度的另一种方法是，使用来自氮气的旋转拉曼信号，其映射了基态分子在不同旋转能级上的玻尔兹曼热量群分布。

全球变暖是一个值得关注的问题，并且认为这主要是由于化石燃料燃烧的增加而导致二氧化碳排放量增加的结果。因此，这种气体的源和汇的详细映射是重要的，许多旨在使用 Tm，Ho:YLF 激光器进行 DIAL 监测 2 μm 左右 CO_2 的项目正在进行中。

3. 少数种类和污染

对流层中的少数种类和污染气体可以使用 DIAL 技术进行映射。由于在大气压下猝灭，拉曼激光雷达不具备所需的灵敏度，并且荧光不起作用。作为第一个例证，我们将讨论一种非常特殊的污染物汞，它实际上是唯一一个以自由原子而不是一种分子化合物存在于大气中的。忽略同位素偏移和超精细结构，汞原子在分子分布上是单一跃迁，而不是多个振动－旋转跃迁。由于这种气体的背景跃级在 ppt（$1:10^{12}$）量级上，因此可自动获得大约 1 000 倍的汞所需的灵敏度增量。约 90% 的大气中以原子形式存在的汞是从生产氢氧化钠的氯碱工厂排放出来的（电池中用于电解盐水的阴极是液态汞，钠离子在其中移动形成汞齐，洗涤后产生碳酸钠碱液）。此外，燃煤发电厂和焚化厂（包括火葬场）也排放。它也是与矿床、地热储层和火山活动有关的地球物理示踪气体。DIAL 测量可使用倍频染料激光器或 OPO 激发的 254 nm 汞跃迁来进行。图 1.82[1.159· 1.160]显示了氯碱厂的原子汞 DIAL 图。独立的激光雷达可通过共振和非谐振波长返回所产生的表示汞存在斜线的单个 DIAL 曲线。从多个这样的测量结果中可以看出，如果截取一个扇形并垂直于设备的下风羽流，则可以产生如图 1.82 所示的显示浓度空间解析的羽流横截面。面积综合浓度乘以垂直风速可得到通量，这是一个重要的环境参数。这种推导可以通过对单位分析得到令人信服的支持：

$$\frac{[g]}{[m^3]}[m][m]\frac{[m]}{[s]} = \frac{[g]}{[s]} \tag{1.92}$$

由此可得出正确的通量单位 g/s。这种设备的典型通量可能是几十 g/h。原子汞监测在文献［1.151］中被认为是一种特殊的案例研究，在文献［1.152］关于地球物理排放中也对其进行了讨论。我们在世界上最大的三个汞矿（阿尔马登（西班牙）、阿巴迪亚萨尔瓦托雷（意大利）和伊德里亚（斯洛文尼亚））对汞进行了激光雷达测量。

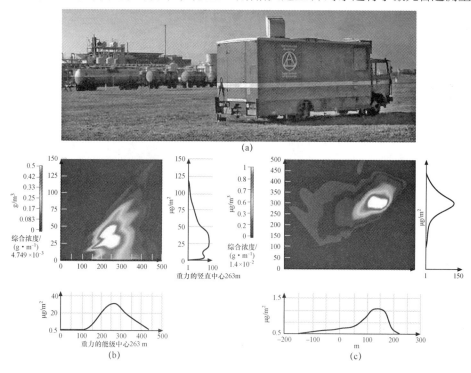

图 1.82　原子汞的 DIAL 测量

（a）在罗西格纳诺苏威（Rosignano Solvay）氯碱工厂看到的移动式 LIDAR 系统；

（b）垂直扫描；（c）能级扫描（根据文献［1.159, 1.160]）

更令人担忧的另一种污染物是二氧化硫（SO_2），它极大地促进了湖泊的酸化和大气中承载硫酸盐颗粒。二氧化硫是从挥发物中释放出来的，但主要来源是人为的和含硫燃料的燃烧。我们通过监测火山喷发情况对 SO_2 予以举例说明。

图 1.83 显示了意大利埃特纳火山的船载测量数据，瑞典移动激光雷达系统被放置在意大利研究船 Urania 的后甲板上，在与羽流交汇的约 3 km 的高度上形成一条

12 km 长的火山羽流下部通道[1.161]。单个的共振和非共振激光雷达返回信号还显示出了一个特定的位置上是如何建立羽流横截面的。可以注意到，曲线会一直到羽流相同的高度，并在那里分开。由于平滑背景上方的火山气溶胶，两条曲线也显示出较大的反向散射。令人感兴趣的是，由于重力分离，气溶胶羽流略低于 SO_2 羽流。该活火山的背景发射记录表明，产生了约 50 t/h 的通量。文献［1.152］中讨论了地球物理气体的雷达测量。

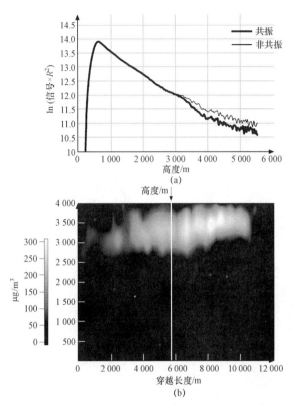

图 1.83　埃特纳火山的 SO_2 DIAL 监测（测量是在 12 km 处使用从研究船 Urania 的尾部甲板垂直发射的系统并扫描穿过离开卡塔尼亚市的火山羽流下部进行的。图中上部显示了一个特定位置上的共振和非共振 LIDAR 曲线（根据文献［1.161］））

作为激光雷达测量的第三个例子，我们将讨论会带来特殊挑战的碳氢化合物监测。碳氢化合物主要的 C－H 伸缩振动跃迁约为 3.4 μm，不同物种之间的差异很小。各个旋转结构也会导致不同碳氢化合物之间的重谱重叠。因此，在存在多种碳氢化合物的情况下，不能使用具有共振和非共振波长的基本 DIAL 方案，而是使用几种精心挑选的波长，以便能够一起测量不同的重叠种类。我们为激光雷达应用开发了快速可调的 OPO，可以在相邻激光发射之间准确地进行多达 60 个波长的切换，并且可以为每个选定波长对激光雷达瞬态进行平均[1.154, 1.162]。我们以甲烷为例对此加以说明，在监测乙烷和丙烷混合物受控释放时，选定的 DIAL 曲线显示了距离激光雷达系统

60 m 外的气体释放位置处每种气体的不同吸收。如图 1.84 所示的光谱插图中显示了所选波长对；特别是当两个非共振曲线被分开时，缺少的 DIAL 信号也被示出。在监测甲烷的情况下，我们注意到 DIAL 曲线除了释放阶段的阶跃之外还有一个连续的斜线。这是由于大气中的甲烷环境存在几 ppm 的能级。由于较长波长的 Mie 和瑞利散射减少，在 IR 区域实现大范围是困难的。然而，通过本集团[1.163]开发的气相关成像技术可以实现碳氢化合物的有效遥感，目前已被用于气体处理工厂中。

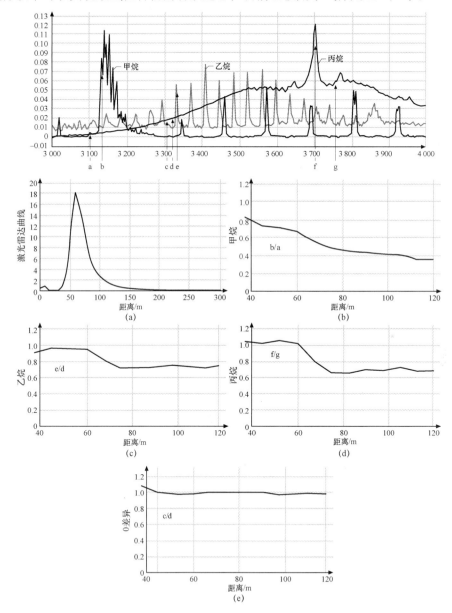

图 1.84 通过对校准气体混合物释放的测量进行评估，同时测量甲烷、乙烷和丙烷的示意图（图中显示了 7 种不同的探测波长，并观察到气体中的差异吸收（根据文献［1.154］））

氮氧化物也是重要的污染气体。所有的高温下燃烧都会排出 NO，并且它可以很快反应生成 NO_2。这些气体的 DIAL 测量值可以分别达到 226 nm 和 450 nm 左右。实际上，因为 NO_2 在可见光区域中吸收，它是大气中唯一具有颜色（褐色）的污染物。

由于其对屏蔽地球免受强紫外辐射至关重要，因此已经利用激光雷达技术对臭氧进行了很多研究。由于与氟化烃（氟利昂）的催化反应，20～30 km 高度的平流层臭氧层正在被耗尽，因为氟化烃是惰性的并且不会在对流层中经历大气化学反应，所以它们能达到高空。已经在固定和机载设备上进行了很多激光雷达工作。事实上，由于涉及碳氢化合物的大气化学，地面臭氧浓度经常升高，从而会对健康和植被造成损害。

1.3.4　激光雷达对凝聚目标的监测

1. 激光测高仪和测深仪

正如在引言中已经讨论的那样，通过观察来自固体目标的弹性反向散射回波进行激光测距是激光器的直接应用。用脉冲激光器进行飞行时间测量，而反射调制的 CW 波束上的相移也可以使用。然后，调制必须在多个不同的频率下进行，其中低频分量的信息可给出粗略的距离估计，而较高的频率可越来越好地确定距离。由于以调制波长为模的许多距离与特定的高频相移相容，所以连续较慢的调制可以确定出应选择的正确倍数。机载扫描系统可以非常精确地绘制出表面形貌。朝着阿波罗宇航员放置的回射器发射激光，可为月球距离提供精度约为 1 cm 的测量。GLAS（地球科学激光测高仪系统）是 2003 年发射的 ICESat 卫星的一部分，其主要用于精确的高度测量和极地冰盖发展的研究。但是，也可以获得云和气溶胶的数据。激光测距仪在 2006 年日本宇宙飞船 HAYABUSA 成功登陆小行星 Itokawa 时起了非常重要的作用。轨道激光测距仪也将用于水星和火星的任务。

地面激光高度计的距离分辨率非常好，甚至可以从地面回波中解析出树冠的回波。这种方式可用于林业应用中，可以在不容易进入的地区（如丛林）进行生物量评估。与此相关的是，在这个应用之前，浅水激光深度测量已成功应用于机载激光雷达系统。为了抑制强烈的表面回波并允许拾取底部的弱回波，可以使用线偏振激光器。如果在垂直于主极化的极化处进行检测，则极化表面的返回被强烈衰减，而来自底部的去极化返回则因此而受益。很难到达深度在 40 m 以下的区域，通常测量的是较浅的水域，这也是海图的主要兴趣所在。水深测量应用中首选激光波长是倍频 Nd:YAG 激光器发射的 532 nm，因为水在蓝绿色光谱区域具有最大透射率。

2. 水、植被、建筑物的荧光和拉曼激光雷达研究

正如引言中所讨论的那样，来自固定目标的激光雷达回波不仅包括强弹性反向

散射，而且还包括激光诱导荧光（LIF）和拉曼组分。发生激光泵浦频率相关红移的这些特征可以用光谱仪加以分离，光谱仪可通过彩色玻璃长通滤光片来对弹性返回提供进一步的抑制。

图 1.85[1.164]给出了一个激光雷达凝聚目标研究的例子。在 355 nm 的三倍频 Nd:YAG 辐射可有效诱导荧光，留下足够大的斯托克斯位移波长范围，以便用高效检测系统加以捕获。涂装显示了两种检测装置。一种是用望远镜像平面上的光纤捕获荧光，然后通过门控图像增强型 CCD 检测器将其带入光谱仪的入口狭缝。通常使用多纤维布置，在其中将圆柱形探测区域变换成与光谱仪输入端匹配的狭缝形状。在第二种成像装置中，激光束被扩宽以照射目标上更大的区域，并且使用特殊的分束光学装置[1.165]以同时捕获相同的图像，在 CCD 检测器的 4 个象限中同时检测通过 4 个单独的带通滤波器过滤后的图像。这种布置可以用于较小的目标，从而在背景照明条件下允许使用任何单个目标点所产生较弱信号的相应扩展激光束。更多的通用目的是产生直径几厘米的具有强烈辐射的光束（比那个光斑中的太阳背景更强），然后以摆扫模式扫过目标上的此点，而后再次检查此区域，例如在文献［1.153］中。

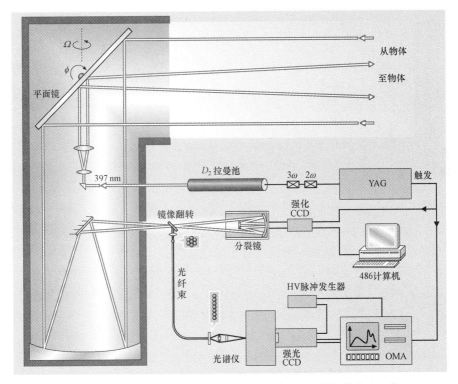

图 1.85　点监测和多谱成像的荧光 LIDAR 系统布局（根据文献［1.164]）

图 1.86 中显示了在 64～210 m 的距离处被捕获的植被光谱，以此作为以这种模式记录的单个光谱的一个例子[1.166]。从图中可清楚地看到双峰叶绿素信号以及与叶

蜡层和其他叶结构相关的蓝光分布。两个峰的相对强度提供了叶绿素浓度的信息，因为第一个峰随着色素含量的增加而自我吸收。在利用 LIF 进行旨在探测与水和其他环境压力因素有关的植被监测方面进行了相当大的努力。LIF 数据可以补充现在用于土地覆盖评估的卫星传感器（如 LANDSAT、SPOT 和 ENVISAT 传感器）广泛监测所得到的反射率数据。

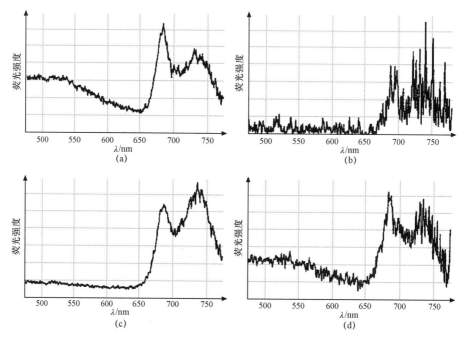

图 1.86　在不同基准距记录的遥感荧光 LIDAR 光谱（根据文献［1.166］）

（a）白杨：100 次，64 m；（b）柏树：100 次，125 m；

（c）柏树：1 次，125 m；（d）法国梧桐：100 次，210 m

　　使用光谱方法研究文化遗产是激光应用的一个新兴领域。就像从植被目标获得特定的 LIF 特征一样，石质纪念物的表面（如大教堂和城堡）也可能揭示出肉眼不可见的荧光或反射光谱。在 Raimondi 等人首次进行点监测应用之后[1.167]，我们已经通过所进行的测量活动（如在隆德大教堂（瑞典）[1.164]和帕尔马大教堂和洗礼堂[1.168]）将这些技术扩展到多光谱成像。图 1.87 显示了瑞典南部 Övedskloster 城堡最近一次测量的一个例子。其中，光束从约 40 m 的距离进行逐行扫描[1.169, 1.170]。图中显示了所记录的单个光谱示例，其中显示了大部分不可见藻类生长的不同量的叶绿素。从中可以看出，瓷砖的边缘与装饰性瓷的上部一样是藻类优先生长的位置。叶绿素量在至少具有最小量的叶绿素基础上被编码为像素的灰度。

　　图 1.88 通过最近一次对公元 80 年在罗马落成的弗拉维安露天剧场体育馆的测量数据给出了另一个例子[1.171~1.173]。这座古迹是由蒂沃利附近采石场的石材建造的。虽然它们看起来很相似，但光谱却显示出石材表面的差异。图中显示出叶绿素侵入

在某些地方非常明显，并且在历史保存过程中放置在铁条上的防腐蚀保护也具有非常典型的外观，图中还包括了来自测量地点的照片。

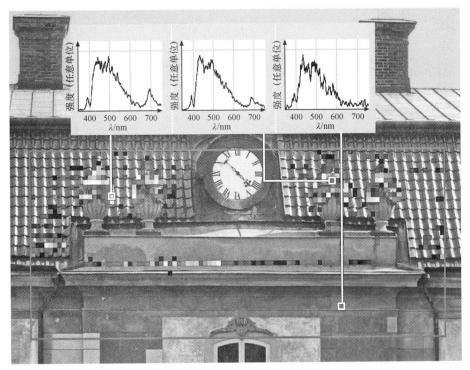

图 1.87　瑞典 Övedskloster 部分城堡的荧光激光雷达成像（三张光谱图显示了测量结果，并显示了藻类侵入的数量（根据文献［1.169，1.170］））

最近，开展了荧光激光雷达技术在动物生态学方面的研究；通过使用河侧镜折射来自 150 m 外的移动激光雷达系统激光束来研究动物生态学，例如靠近河流表面飞行的蜻蜓[1.174]。昆虫每次通过激光雷达波束时，都会观察到回声。通过事先用染料喷涂捕获的昆虫，可以使用多个范围分辨荧光带来记录大种群和性别特异性。现在已开始使用这种激光雷达系统进行垂直探测以识别夜间迁徙鸟类的可行性研究。羽毛自发荧光提供了一个可区分某些鸟类的特征[1.175]。

荧光激光雷达技术的首次应用是在如综述中所述的水监测领域，例如在文献［1.176，1.177］中。如今已经开展了一系列陆基、船载和机载活动。水荧光监测的一个重要方面是水中溶解有机物（DOM）的评估或一般分级。DOM 会产生广泛的蓝色荧光光谱。由于水在约 $3\,400\ cm^{-1}$ 斯托克斯位移处的 O－H 拉伸振动模式，可通过将 DOM 信号相对于拉曼信号归一化来获得方便的固有基准，这使得测量独立于有效采样体积的相关知识。对于 355 nm 激发，液态水的 O－H 伸展拉曼信号发生在 404 nm 处。通过使用高光谱分辨率系统分析水拉曼峰的形状，使得可用测深系统远程测量深度分辨水温。

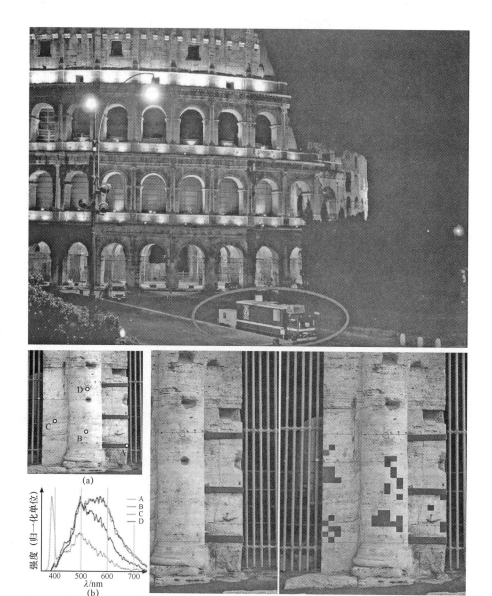

**图 1.88　罗马斗兽场的荧光激光雷达测量（上部示出了瑞典 LIDAR 系统在测量位置的照片；
下部：单个荧光光谱被显示在左侧，中间则显示了具有类似于 A 的光谱特征的点，
而右侧显示了具有类似于 D 的光谱特征的点（根据文献 [1.171，1.172]））**

在水的激光雷达光谱研究中，其他突出的光谱特征还是由于存在于所有浮游藻类中的叶绿素以及存在于红藻中的辅助色素（如藻蓝蛋白和藻红蛋白）。这些颜料的特征荧光峰分别在 690 nm、660 nm 和 590 nm 处。

在水产监测中接收到的最强信号来自覆盖其表面的溢油[1.178]。同时，由于强烈的油体荧光正在取代蓝绿色区域的 DOM 信号，水拉曼信号消失，因为即使几微米

厚的层也会成为可激发紫外线辐射的光学厚度。因此漏油具有非常明显的光谱特征。不同类型的原油及其较轻馏分的实验室研究表明，可以识别特定来源的油。针对溢油检测和表征的广泛机载研究，补充了 SLAR（侧视机载雷达）和 SAR（合成孔径雷达）的数据。

荧光激光雷达的一个主要限制是其范围是有限的，这使得在卫星上实施变得非常困难。然而，使用阳光诱导荧光的被动技术已被考虑用于海洋浮油检测，目前正在开发用于植被监测的功能[1.179]。地表的垂直反射光谱带有来自太阳的黑色且狭窄的弗劳恩霍夫特征线，其对比度与直射阳光一样。然而，由于斯托克斯频移，荧光将部分辐射从短波长转移到更长波长，并趋向于降低弗劳恩霍夫特征线的对比度，这种现象直接表明了荧光的存在。

3. 激光诱导分解光谱（LIBS）激光雷达

我们将通过讨论远程激光诱导分解光谱学（LIBS）来结束激光雷达测量凝聚目标这部分内容。LIBS 技术利用了来自其中由于脉冲的强烈加热而在目标表面产生激光火花的脉冲激光器的聚焦激光束[1.180]。该技术是一种非常有价值的元素测量分析方法，其与由于发热而发生汽化的火焰发射光谱法的类型是一样的。如果脉冲能量足够大，通过扩大激光雷达束并聚焦，可以达到足够小的光点尺寸，以在相当远的距离处引起等离子体衰减[1.181]。现在正在为太空探索开发该技术，例如来自火星登陆器的岩石特征[1.182]。最近在 60 m 的距离处进行了第一次成像激光雷达LIBS 测量，并且使用了 355 nm 下 200 mJ 量级的脉冲能量[1.183]。采用与 LIF 相同的检测系统，并且通过延迟几百纳秒的选通，可以观察冷却的等离子体，其中获得了较窄的原子发射谱线，而不是在其中由于电子等而存在强场的瞬时等离子体中所观察到的展宽结构。这种影响可参见图 1.89，其中显示了在 60 m 距离处不同延迟下观察到的铅板 LIBS 谱[1.170]。

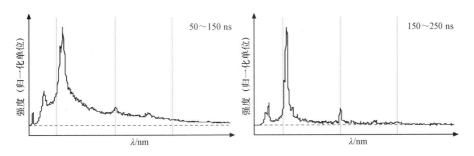

图 1.89 LIDAR 系统记录的铅板在 60 m 基准距下不同时间延迟的激光诱导击穿谱（LIBS）

（随着等离子体冷却，线变得更窄和更清晰（根据文献［1.170]））

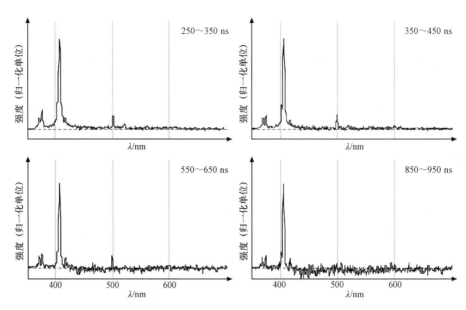

图 1.89　LIDAR 系统记录的铅板在 60 m 基准距下不同时间延迟的激光诱导击穿谱（LIBS）
（随着等离子体冷却，线变得更窄和更清晰（根据文献［1.170］））（续）

少量材料会在 LIBS 等离子体中被烧蚀。文化遗产部门可以用这来清洁被污染的表面。这种远程清洁如图 1.90 所示。其中，以 60 m 的距离研究了砂浆、雪花石膏和大理石的样品。在白色大理石样品上，清洁过程是自行终止的，因为一旦肮脏的表面从白色原始材料上移除，就不再吸收。原则上，也可以通过同时监测等离子体光谱来利用光谱控制烧蚀和清洁过程。

1.3.5　非常规激光雷达应用

激光雷达技术通常会与远程大气测量联系在一起。然而，这些测量的一个关键方面是，它们是时间分辨的和非侵入性的。在使用地形（凝聚）目标时，有时也会抑制到距离分辨率方面。在燃烧过程的测量中，光学技术的使用距离通常为 1 m，但是通过光学光谱的远程和非侵入性的促进，避免了这种系统的不经热和压力的特性。弹性散射、拉曼、荧光和 CARS（相干反斯托克斯拉曼散射）技术正在广泛应用中[1.184]。目前正在开发大型燃烧器中距离分辨的测量装置（与激光雷达非常近似）[1.185]。

检测乳腺癌用光学乳房摄影术[1.186]可以被描述为真正的短程激光雷达。生物组织是一种强散射介质，通过它也可以使用差分吸收来检测分子化合物。在这种测量中可以方便地使用通过飞秒激光脉冲的自相位调制产生的白色激光，并且可以检测出诸如肿瘤接种剂的分子[1.187]。这种技术可以扩展到强烈散射药物片剂的监测[1.188, 1.189]。使用白光激光辐射，可以通过所检测到的散射光中的痕迹来评估药物中活性分子组分的浓度。这些例子与云物理有关的多重散射情况非常类似。

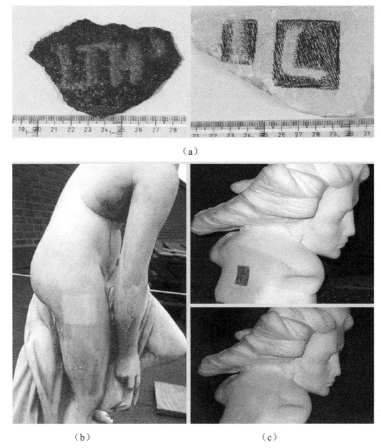

（a）

（b）　　　　　　　　　　　　（c）

图 1.90　距 LIDAR 系统 60 m 距离处的不同样品的远程等离子体烧蚀示意图（根据文献［1.183]）
（a）混凝土和意大利雪花石膏的烧蚀模式；（b）意大利花园雕像的清洁示意图；
（c）远程激光清洁的卡拉拉大理石雕像之前（上图）和之后（下图）

　　人们几乎已经完成激光雷达在 GASMAS（散射介质中气体吸收光谱）技术[1.190, 1.191]中的类比，在此过程中研究了诸如木材、食品和建筑材料等高散射材料中包含的游离气体（气孔）。通常情况下，使用 CW 二极管激光光谱来进行游离气体特征（如分子氧和水蒸气）的路径综合测量。如果激光雷达能独立测量样品内部光子的时间历程，就可能测定气体浓度[1.192]。在诸如木材干燥等日常工艺中，GASMAS 技术也可以提供一些有趣的见解[1.193]。该技术最近已被用于监测人体窦腔内的氧气[1.194~1.196]，其中，发射激光通过散射前额穿过窦，然后散射到大脑中，部分再次穿过窦，通过前额返回并进入激光雷达探测器。气体通过其强烈的差分吸收被叠加在来自主体分子的散射光谱上，这些散射光谱具有非常缓慢的波长相关性（如大气激光雷达一样）。图 1.91 给出了非常规激光雷达工作的一些例子。

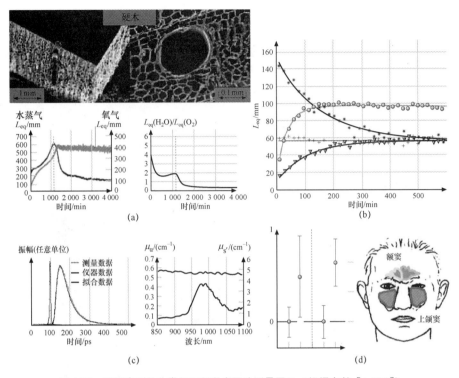

图 1.91　不同类型的非常规短程激光雷达测量图示（根据文献［1.194］）

（a）监测木材的干燥情况，在两天干燥过程期间水分子和氧分子信号以及它们比值的时间
函数上方给出了带孔木结构的显微镜图像（根据文献［1.193］）；（b）苹果被放入环境空气之前
在正常内部气体条件下存放一定时间直到恒定后，暴露于纯氧或氮气中的苹果的分子氧信号
（根据文献［1.191］）；（c）在白色药片中散射光的时间分辨测量结果，以及观察到的液体－水
吸收光谱（右侧）（根据文献［1.188］）；（d）当光射入前额观察到的额窦腔中的游离氧气，
以及检测到的反向散射光，在两个窦中都可以看到非零信号，而在窦外则为零脉冲信号

　　需要指出的是，环境激光光谱和医学激光光谱之间有许多相似之处，例如，文献［1.197，1.198］，而文献［1.199］中讨论了通过多学科光谱学来弥补许多学科的不足。

1.3.6　讨论和展望

　　正如我们所看到的，激光雷达技术提供了广泛的环境监测应用。高效的二极管泵浦固态激光器、敏感的探测器以及电子和数据处理的快速发展都促使激光雷达应用更具吸引力。随着对环境状态监测更严格的要求，激光雷达在检测及监控系统和网络中的利用将有利地促进该领域的发展。现在正计划利用这些技术的鲁棒性和可靠性为许多任务提供卫星设备。预计其将会对全球大气监测和气象产生重大影响。

　　激光雷达领域的最新趋势包括使用太（拉）瓦峰值功率和飞秒持续时间的强激光束。随着啁啾脉冲放大（Chirped Pulse Amplification，CPA）技术的发展，合理的小型桌面系统即将投入使用[1.200]。由于自聚焦而产生的成丝和沟道效应，发生在通过非线性效应经自相位调制将光束与强烈产生的白光保持在一起的大气传播中[1.201]。包括气载生物气溶胶的研究以及远程 LIBS 测量在内的自由大气测量已经得到验证[1.202, 1.203]。显然，其中在所有波长的激光下通过眼睛来分析都还存在着准确度方面的挑战。基于准确度方面的考量，在人眼角膜透射区域 400～1 400 nm 之外运行的激光雷达系统对于更一般的应用最为有利。

激光雷达技术和方法也刺激了更多非传统领域的拓展，如生物学和医学。许多激光雷达方案可以缩小到厘米级，而这正出现在新的医疗诊断技术中。

| 参 考 文 献 |

[1.1] W. Demtröder：*Laser Spectroscopy*，4th edn.（Springer，Berlin，Heidelberg 2008）

[1.2] M. Gehrtz, G.C. Bjorklund, E. Whittaker：Quantumlimited laser frequency–modulation spectroscopy, J. Opt. Soc. Am. B **2**，1510（1985）

[1.3] P.C.D. Hobbs：Ultra-sensitive laser measurements without tears, Appl. Opt. **36**，903（1997）

[1.4] J. A. Silver：Frequency modulation spectroscopy for trace species detection, Appl. Opt. **31**，707（1992）

[1.5] G. Talsky：*Derivative Spectrophotometers*（VCH，Weinheim 1994）

[1.6] J. Xiu, R. Stroud：*Acousto-Optic Devices*：*Principles*，*Design and Applications*（Wiley，New York 1992）

[1.7] C. Hornberger, W. Demtröder：Photo-acoustic overtonespectroscopy of acethylene in the visible and near infrared, Chem. Phys. Lett. **190**，171（1994）

[1.8] F. Träger：Surface analysis by laser-induced thermal waves, Laser Optoelektron. **18**，216（1986）

[1.9] S. E. Bialkowski：*Optothermal Spectroscopy. Methods for Chemical Analysis*（Wiley Interscience，New York 1995）

[1.10] G. Busse：Nondestructive evaluation with thermal waves. In：*Photo-acoustic*，*Photo-thermal and Photo-chemical Processes at Surfaces and in ThinFilms*，ed. by P. Hess（Springer，Berlin，Heidelberg 1989）

[1.11] B. Barbieri, N. Beverini, A. Sasso：Optogalvanic spectroscopy, Rev. Mod. Phys. **62**，603（1990）

[1.12] R. Webster, C. T. Rettner：Laser optogalvanic spectroscopy of molecules, Laser Focus **19**，41（1983）

[1.13] D. Feldmann：Optogalvanic spectroscopy of some molecules in discharges：NH_2，NO_2，A_2 and N_2，Opt. Commun. **29**，67（1979）

［1.14］ G. S. Hurst, M. G. Payne, S. P. Kramer, J. P. Young: Resonance ionization spectroscopy and single atom detection, Rev. Mod. Phys. **51**, 767（1979）

［1.15］ V. S. Letokhov: *Laser Photoionization Spectroscopy*（Academic, Orlando 1987）

［1.16］ K. Tohama: A simple model for intra-cavity absorption, Opt. Commun. **15**, 17（1975）

［1.17］ V. M. Baev, T. Latz, P. E. Toschek: Laser intra-cavity absorption spectroscopy, Appl. Phys. B **69**, 172（1999）

［1.18］ A. Campargue, F. Stoeckel, M. Chenevier: High sensitivity intra-cavity laser spectroscopy: Applicationsto the study of overtone transitions in the visible range, Spectrochem. Acta Rev. **13**, 69（1990）

［1.19］ E. Toschek, V. M. Baev: "One is not enough": Intracavity laser spectroscopy with a multimode laser. In: *Laser Spectroscopy and New Ideas*, ed. by W. M. Yen, M. D. Levenson（Springer, Berlin, Heidelberg 1987）

［1.20］ T. Freegarde, C. Zimmermann: The design of enhancement cavities for second harmonic generation. In: *Laser Physics at the Limit*, ed. by H. Figger, D. Meschede, C. Zimmermann（Springer, Berlin, Heidelberg 2002）

［1.21］ M. Raab, H. Weickenmeier, W. Demtröder: The dissociation energy of the cesium dimer, Chem. Phys. Lett. **88**, 377（1982）

［1.22］ J. Goodishman: *Interaction Potential Theory I and II*（Academic, New York 1973）

［1.23］ R. Campargue（Ed.）: *Atomic and Molecular Beams*; *The State of the Arts* 2000（Springer, Berlin, Heidelberg 2001）

［1.24］ G. Scoles（Ed.）:*Atomic and Molecular Beam Methods*, Vol. I（Oxford Univ. Press, Oxford 1988）

［1.25］ G. Scoles（Ed.）: *Atomic and Molecular Beam Methods*, Vol. II（Oxford Univ. Press, Oxford 1992）

［1.26］ D.H. Levy, L. Wharton, R. E. Smalley: Laser spectroscopy in supersonic jets. In: *Chemical and Biochemical Applications of Lasers*, Vol. II, ed. by C. B. Moore（Academic, New York 1977）

［1.27］ B. Atkinson, J. Becker, W. Demtröder: Hyperfine structure of the 625 nm band in the $a^3\Pi_u \leftarrow X^1\Sigma_g$ transition for Na_2, Chem. Phys. Lett. **87**, 128－133（1982）

［1.28］ E. Miller:Infrared laser spectroscopy. In:*Atomic and Molecular Beam Methods*, Vol. II, ed. by G. Scoles（Oxford Univ. Press, Oxford 1992）p. 192ff

［1.29］ D. Bassi: Detection principles. In: ·*Atomic and Molecular Beam Methods*, Vol. II, ed. by G. Scoles（Oxford Univ. Press, Oxford 1992）p. 153ff

［1.30］ S. Mukamel: *Principles of Nonlinear Optical Spectroscopy*（Academic, New York 1999）

［1.31］ M. D. Levenson: *Introduction to Nonlinear Spectroscopy*（Academic, New York 1982）

［1.32］ V. S. Letokhov, V. P. Chebotayev: *Nonlinear Laser Spectroscopy*, Springer Series in Optical Science, Vol. 4（Springer, Berlin, Heidelberg 1977）

［1.33］ T. W. Hänsch: Nonlinear high-resolution spectroscopy of atoms and molecules, Proc. Int. School Phys. Enrico Fermi, Course LXIX（North Holland, Amsterdam 1977）p. 17

［1.34］ A. Kiermeier, K. Dietrich, E. Riedle, H. J. Neusser: Doppler-free saturation spectroscopy of polyatomic molecules, J. Chem. Phys. **85**, 6983（1986）

［1.35］ A. Timmermann: High resolution two-photon spectroscopy of the $6p^2 {}^3P_0 - 7p^3P_0$ transition instable lead isotopes, Z. Phys. A **286**, 93（1980）

［1.36］ F. Biraben, L. Julien: Two-photon spectroscopy for hydrogen. In: *Laser Physics at the Limit*, ed. by F. Figger, D. Meschede, C. Zimmermann（Springer, Berlin, Heidelberg 2002）

［1.37］ J. Walz: Towards laser spectroscopy of antihydrogen. In: *Laser Physics at the Limits*, ed. by H. Figger, D. Meschede, C. Zimmermann（Springer, Berlin, Heidelberg 2002）p. 115

［1.38］ T. Pask, D. Barna, A. Dax, R.S. Hayano, M. Hori, D. Horváth, S. Friedreich, B. Juhász, O. Massiczek, N. Ono, A. Sótér, E. Widmann: Antiproton magnetic moment determined from the HFS of $p^- - He^+$, Phys. Lett. B **678**, 55（2009）

［1.39］ D. Glick, A. Weissberger: Polarimetry. In: *Physical Methods of Chemistry*（Wiley, New York 1976）

［1.40］ G. W. Rolfe: *The Polariscope in the Chemical Laboratory*（Nabu, Charleston 2010）

［1.41］ M. A. Azzam, N. M. Bachara: *Ellipsometry and Polarized Light*, 3rd edn.（Elsevier, Amsterdam 1999）

［1.42］ H. Tompkins, E. Irene: *Handbook of Ellipsometry*（Noyes, Upper Saddle River 2004）

［1.43］ W. Demtröder: *Experimental physik 2: Elektrizitätund Optik*, 3rd edn.（Springer, Berlin, Heidelberg 2003）, in German

［1.44］ W. Childs: Use of atomic beam laser RF double resonance for interpretation of complex spectra, J. Opt. Soc. Am. B **9**, 191（1992）

［1.45］ S. D. Rosner, R. A. Holt, T. D. Gaily: Measurement of the zero-field hyperfine structure of a single vibration-rotation level of Na$_2$ by a laser-fluorescence molecular beam resonance, Phys. Rev. Lett. **35**, 785（1975）

［1.46］ A. L. Schawlow: Simplifying spectra by laser labeling, Phys. Scr. **25**, 333（1982）

［1.47］ W. Demtröder, M. Keil, H. Wenz: *Laser Spectroscopy of Small Molecules*,

Adv. At. Mol. Opt. Phys., Vol. 45（Academic, Waltham 2001）

[1.48] T. Udem, R. Holzwarth, T. W. Hänsch: Optical frequency metrology, Nature **416**, 233（2002）

[1.49] T. Udem, R. Holzwarth, T. W. Hänsch: Femtosecond optical frequency comb, Eur. Phys. J. **172**, 69（2009）

[1.50] T. Udem: Die Messung der Frequenz von Lichtmit modengekoppelten Lasern, Habilitation Thesis（LMU Munich, Munich 2002）

[1.51] S. A. Diddams, W. T. Hänsch: Direct link between microwave and optical frequencies with a 300 THz femtosecond pulse, Phys. Rev. Lett. **84**, 5102（2000）

[1.52] C. Gohle, B. Stein, A. Schließer, T. Udem, T. W. Hänsch: Frequency comb vernier spectroscopy for broadband, high resolution, high sensitivity absorption and dispersion spectra, Phys. Rev. Lett. **99**, 263902（2007）

[1.53] B. Bernhardt, A. Ozawa, P. Jacquet, M. Jacquey, Y. Kobayashi, T. Udem, R. Holzwarth, G. Guelachvili, T. W. Hänsch, N. Picqué: Cavity-enhanced dualcomb spectroscopy, Nat. Photonics **4**, 55－57（2009）

[1.54] A. Ozawa, J. Rauschenberger, C. Gohle, M. Herrmann, D. R. Walker, V. Pervak, A. Fernandez, R. Graf, A. Apolonski, R. Holzwarth, F. Krausz, T. W. Hänsch, T. Udem: High harmonic frequency combs for high resolution, spectroscopy, Phys. Rev. Lett. **100**, 253901（2008）

[1.55] P. Fendel, S. D. Bergeson, T. Udem, T. Hänsch: Two photon frequency-comb spectroscopy of the 6s－8s transition in cesium, Opt. Lett. **32**, 701－703（2007）

[1.56] S. G. Karschenboim: Precision optical measurements and fundamental physical constants. In: *Laser Physics at the Limit*, ed. by H. Figger, D. Meschede, C. Zimmermann（Springer, Berlin, Heidelberg 2002）p. 165

[1.57] O. Svelto, S. DeSilvestry, G. Denardo: *Ultrafast Processesin Spectroscopy*（Plenum, New York 1997）, See also the series of Conference Proceedings: Ultrafast Phenomena I－XIV, Springer Series Chemical Physics（Springer, Berlin, Heidelberg 1976－2004）

[1.58] C. Rulliere: *Femtosecond Laser Pulses: Principles and Experiments*, 2nd edn.（Springer, Berlin, Heidelberg 2004）

[1.59] J. C. Diels, W. Rudolph: *Ultrashort Laser Pulses*（Academic, San Diego 1996）

[1.60] E. Brabec, F. Krausz: Intense few cycle laser fields, Rev. Mod. Phys. **77**, 545（2000）

[1.61] R. Kienberger, F. Krausz: Attosecond laser pulses. In: *Yearbook of Science and Technology*（McGrawHill, Maisenhead 2006）p. 19

[1.62] A. Poppe, A. Fürbach, C. Spilemann, F. Krausz: Electronics on the time scale of the light oscillationperiod, OSA Trends Opt. Photonics **28**, paper UWC 1

（1999）

[1.63] A. H. Zewail(Ed.): *Femtochemistry*: *Ultrafast Dynamics of the Chemical Bond*, Vol. 1（World Scientific，Singapore 1994）

[1.64] A. H. Zewail(Ed.): *Femtochemistry*: *Ultrafast Dynamics of the Chemical Bond*, Vol. 1（World Scientific，Singapore 1994）

[1.65] See for instance the series on Proc. Int. Conf. Phys. Electron. At. Collis. ICPEAC I–XXVII（North Holland，Amsterdam 1958–2011）

[1.66] C. L. Tang，L. K. Cheng: *Fundamentals of Optical Parametric Processes and Oscillators*（Harwood，Amsterdam 1995）

[1.67] D. Nikogosyan: *Nonlinear Optical Crystals*: *A Complete Survey*（Springer，Berlin，Heidelberg 2005）

[1.68] R. Seiler，T. Paul，M. Andrist，F. Merkt: Generation of programmable near-Fourier-transform-limited pulses of narrow band laser radiation from thenear infrared to the vacuum ultravilolet, Rev. Sci. Instrum. **76**, 103103(2005)

[1.69] A. Rundquist，G. Tempea，A. Poppe，M. Lenzner，C. Spielmann，F. Krausz，A. Stingl，K. Ferencz: Ultrafast laser and amplifier sources，Appl. Phys. B**65**, 161（1997）

[1.70] G. A. Mourou，C. P. J. Barty，M. D. Pery: Ultra-high intensity lasers: Physics of the extreme on a tabletop，Phys. Today **Jan.**，22（1998）

[1.71] R. Clady，G. Coustillier，M. Gastaud，M. Sentis，P. Spiga，V. Tcheremiskine，O. Uteza，L. D. Mikheev，V. Mislavskii，J. P. Chambaret，G. Cheriaux: Architecture of a blue high contrast multi-terawattultra-short laser，Appl. Phys. B **82**，347（2006）

[1.72] E. Riedle, M. Beutler, S. Lochbrunner, J. Piel, S. Schenk, S. Spörlein, W. Zinth: Generation of 10–50 fs pulses tunable through all of the visible and the NIR，Appl. Phys. B **71**，457（2000）

[1.73] A. J. Verhoef, F. Krausz, J. Seres, K. Schmid, Y. Nomura, G. Tempera, L. Veisz: Compression of thepulses of a Ti: sapphire laser system to 5 fs at 0.2 terrawatt level，Appl. Phys. B **82**，513（2006）

[1.74] R. Butkus，R. Danielius，A. Dubietis，A. Piskarskas，A. Stabinis: Progress in chirped pulse optical parametricamplifiers，Appl. Phys. B **79**，693（2004）

[1.75] T. Wilhelm，J. Piel，E. Riedle: Sub–20–fs pulses tunable across the visible from a blue-pumped singlepass noncollinear parametric converter，Opt. Lett. **22**，1494（1997）

[1.76] J. Piel, M. Beutler, E. Riedle: 20–50–fs pulses tunable across the near infrared from a blue-pumped noncollinear parametric amplifier，Opt. Lett. **25**，180（2000）

［1.77］ Y. Stepanenko, C. Radzewicz: Multipass noncollinear optical parametric amplifier for femtosecond pulses, Opt. Express **14**, 779 (2006)

［1.78］ S. Witte, R. T. Zinkstock, W. Hogervorst, K. S. E. Eikema: Generation of few cycle terawatt light pulses using optical parametric chirped pulse amplification, Opt. Express **13**, 4903 (2005)

［1.79］ P. Baum, S. Lochbrunner, E. Riedle: Generation of tunable 7 – fs ultraviolet pulses, Appl. Phys. B **79**, 1027 (2004)

［1.80］ I. Z. Kozma, P. Baum, S. Lochbrunner, E. Riedle: Widely tunable sub – 30fs ultraviolet pulses by chirped sum frequency mixing, Opt. Express **23**, 3110 (2003)

［1.81］ Z. Major, A. Henig, S. Kruber, R. Weingartner, T. Clausnitzer, E. – B. Kley, A. Tünnermann, V. Pervak, A. Apolonski, J. Osterhoff, R. Hörlein, F. Krausz, S. Karsch: Short-pulse optical parametric chirped pulse amplification for the generation of highpower few cycle pulses, New J. Phys. **9**, 438 (2007)

［1.82］ C. Homann, D. Herrmann, R. Tautz, L. Veisz, F. Krausz, E. Riedle: Approaching the full octave: Noncollinear optical parametric chirped pulse amplification with two-color pumping. In: *Ultrafast Phenomena*, Vol. XVII, ed. by M. Chergui, D. Jonas, E. Riedle, R. W. Schoenlein, A. Taylor (Oxford Univ. Press, New York 2011) pp. 491 – 493

［1.83］ H. – C. Bandulet, D. Comtois, E. Bisson, A. Fleischer, H. Pépin, J. – C. Kieffer, P. B. Corkum, D. M. Villeneuve: Gating attosecond pulse train generation using multicolor laser fields, Phys. Rev. A **81**, 013803 (2010)

［1.84］ B. Dromey, M. Zepf, A. Gopal, K. Lancaster, M. S. Wei, K. Krushelnick, M. Tatarakis, N. Vakakis, S. Moustaizis, R. Kodama, M. Tampo, C. Stoeckl, R. Clarke, H. Habara, D. Neely, S. Karsch, P. Norreys: High harmonic generation in the relativistic limit, Nat. Phys. **1**, 21 – 456 (2006)

［1.85］ P. Heißler, R. Hörlein, M. Stafe, J. M. Mikhailova, Y. Nomura, D. Herrmann, R. Tautz, S. G. Rykovanov, I. B. Földes, K. Varjú, F. Tavella, A. Marcinkevicius, F. Krausz, L. Veisz, G. D. Tsakiris: Towards single attosecond pulses using harmonic emission from solid density plasmas, Appl. Phys. B **101**, 511 – 521 (2010)

［1.86］ J. Walmsley: SPIDER Clarendon Laboratories (Oxford University, 2003) http://ultrafast. physics. ox. ac. uk/spider/

［1.87］ C. Iaconis, I. A. Walmsley: Spectral phase interferometry for direct electric field reconstruction of ultrashort optical pulses, Opt. Lett. **23**, 792 (1998)

［1.88］ P. Baum, S. Lochbrunner, E. Riedle: Zero-additional phase SPIDER: Full characterization of visible and sub – 20 – fs ultraviolet pulses, Opt. Lett. **29**, 210

（2004）

［1.89］ P. Baum，E. Riedle：Design and calibration of zeroadditional-phase SPIDER，J. Opt. Soc. Am. B **22**，1875（2005）

［1.90］ G. Stibenz，C. Ropers，C. Llienau，C. Warmuth，A. S. Wyatt，I. A. Walmsley，G. Steinmeyer：Advanced methods for the characterization of few-cycle lightpulses：A comparison，Appl. Phys. B **83**，511（2006）

［1.91］ R. Hörlein，Y. Nomura，P. Tzallas，S. G. Rykovanov，B. Dromey，J. Osterhoff，Z. Major，S. Karsch，L. Veisz，M. Zepf，D. Charalambidis，F. Krausz，G. D. Tsakiris：Temporal characterization of attosecond pulses emitted from solid-density plasmas，New J. Phys. **12**，043025（2010）

［1.92］ G. Berden，R. Peeters，G. Meijer：Cavity ringdown spectroscopy：Experimental schemes and applications，Annu. Rev. Phys. Chem. **19**，565（2000）

［1.93］ Y. He，M. Hippler，M. Quack：High-resolution cavityring-down absorption spectroscopy of nitrous oxideand chloroform using a near infrared cw diodelaser，Chem. Phys. Lett. **289**，527（1998）

［1.94］ R. Engeln，G. Meijer：A Fourier-tranform cavity ringdown spectrometer，Rev. Sci. Instrum. **67**，2708（1996）

［1.95］ R. Engeln，G. van Helden，G. Berden，G. Meijer：Phase-shift cavity ringdown absorption spectroscopy，Chem. Phys. Lett. **262**，105（1996）

［1.96］ G. Berden，R. Engeln（Eds.）：*Cavity Ringdown Spectroscopy：Techniques and Applications*（Wiley，NewYork 2009）

［1.97］ K. W. Busch，M. A. Busch（Eds.）：*Cavity Ringdown Spectroscopy*，ACS Symp. Ser.，Vol. 720（Am. Chem. Soc.，Washington 2000）

［1.98］ D. V. O'Connor，D. Phillips：*Time Correlated Single Photon Counting*（Academic，New York 1984）

［1.99］ W. Demtröder，W. Stetzenbach，M. Stock，J. Witt：Lifetimes and Franck-Condon factors for the BX system of Na_2，J. Mol. Spectrosc. **61**，382（1976）

［1.100］ Proc. Int. Conf. Ultrafast Phenomena I－XVII，Springer Ser. Chem. Phys.（Springer，Berlin，Heidelberg 1980－2010）

［1.101］ W. Fuß，C. Kosmidis，W. A. Schmidt，S. A. Trushin：The lifetime of the perpen-dicular minimum of cisstilbene observed by dissociative intense laser field ionization，Chem. Phys. Lett. **385**，423（2004）

［1.102］ H. Bitto，J. R. Huber：Molecular quantum beat spectroscopy，Opt. Commun. **80**，184（1990）

［1.103］ T. Baumert，M. Grosser，R. Thalweiler，G. Gerber：Femtosecond time-resolved molecular photoionization：The Na_2－system，Phys. Rev. Lett. **67**，3753（1991）

［1.104］ I. D. Abella：Echoes at optical frequencies，Prog. Opt. **7**，140（1969）

［1.105］ W. P. de Boeij, M. S. Phenichnikov, D. A. Wiersma: Ultrafast solvation dynamics explored by femtosecond photon echoes spectroscopies, Ann. Rev. Phys. Chem. **49**, 99 − 123（1998）

［1.106］ S. Mukamel: *Principles of Nonlinear Optical Spectroscopy*（Oxford Univ. Press, Oxford 1995）

［1.107］ E. Seres, J. Seres, F. Krausz, C. Spielmann: Generationof coherent soft-x-ray radiation extending far beyond the titanium L edge, Phys. Rev. Lett. **92**, 163002 − 1（2004）

［1.108］ J. Seres, A. J. Verhoef, G. Tempea, C. Streli, P. Wobrauschek, V. Yakovlev, A. Scrinzi, C. Spielmann, F. Krausz: Source of coherent kiloelectronvoltx-rays, Nature **433**, 596（2005）

［1.109］ T. Brixner, N. H. Damrauer, G. Gerber: Femtosecond quantum control, Adv. At. Mol. Opt. Phys. **46**, 1 − 56（2001）

［1.110］ D. Zeidler, S. Frey, K. L. Kompa, M. Motzkus: Evolutionary algorithms and their applications to optimal control studies, Phys. Rev. A **64**, 023420（2001）

［1.111］ M. Bergt, T. Brixner, B. Kiefer, M. Strehle, G. Gerber: Controlling the femto-chemistry of Fe(Co)$_5$, J. Phys. Chem. **103**, 10381（1999）

［1.112］ W. Wohlleben, T. Buckup, J. L. Herek, M. Motzkus: Coherent control for spectroscopy and manipulationof biological processes, Chem. Phys. Chem. **6**, 850（2005）

［1.113］ T. Witte, K. L. Kompa, M. Motzkus: Femtosecond pulse shaping in the mid-infrared by difference-frequency mixing, Appl. Phys. B **76**, 467（2003）

［1.114］ L. R. Kundkar, A. H. Zewail: Ultrafast molecular reaction dynamics in real time, Annu. Rev. Phys. Chem. **41**, 15（1990）

［1.115］ P. Gaspard, I. Burghardt（Eds.）: *Chemical Reactionsand Their Control on the Femtosecond Timescale*, Adv. Chem. Phys., Vol. 101（Wiley, New York 1997）

［1.116］ A. H. Zewail: Diffraction, crystallography and microscopy beyond 3 − D: Structural dynamics in space and time, Philos. Trans. R. Soc. A **364**, 315（2005）

［1.117］ V. A. Lobostov, R. Srinivasan, B. M. Goodson, C. Y. Ruan, J. S. Feenstra, A. H. Zewail: Ultrafast diffraction of transient molecular structure in radiationles transitions, J. Phys. Chem. A **105**, 11159（2001）

［1.118］ A. Zewail: Nobel Lecture（Stockholm 1999）

［1.119］ D. W. McCamant, P. Kukura, R. A. Mathies: Femtosecond time-resolved stimulated Raman spectroscopy: Application to the ultrafast internalconversion in β − carotene, J. Phys. Chem. A **107**（40）, 8208 − 8214（2003）

［1.120］ W. Wohlleben, T. Buckup, J. L. Herek, R. J. Cogdel, M. Motzkus: Multichannel carotenoid deactivation in photosynthetic light harvesting as identified by an evolutionary target analysis, Biophys. J. **85**, 4432（2003）

[1.121] A. Vogel, J. Noack, G. Hüttman, G. Paltauf: Mechanisms of femtosecond laser nanosurgery of cellsand tissues, Appl. Phys. B **81**, 1015（2005）

[1.122] L. Thrane, M. H. Frosz, D. Levitz, T. M. Jorgenson, C. B. Anderson, P. R. Hansen, J. Valanciunaite, J. Swartling, S. Andersson-Engels, A. Tycho, H. T. Yura, P. E. Andersen: Extraction of tissue optical properties from optical coherence tomography images for diagnostic purposes, Proc. SPIE **5771**, 139（2005）

[1.123] R. Noomen, S. Klosko, C. Noll, M. Pearlman（Eds.）: 13th Int. Workshop Laser Ranging, Washington 2002（Nat. Aeronautics and Space Administration Goddard Space Flight Center 2003）

[1.124] A. Asmann, R. Neuber, P. Rairoux: *Advances in Atmospheric Remote Sensing with LIDAR*（Springer, Berlin, Heidelberg 1997）

[1.125] W. Zimmer, M. Rodriguez, L. Wöste: Application perspectives of intense laser pulses in atmospheric diagnostics. In: *Laser in Environmental and Life Sciences*, ed. by P. Hering, J. P. Lay, S. Stry（Springer, Berlin, Heidelberg 2004）

[1.126] F. A. Theopold, J. P. Wolf, L. Wöste: DIAL revisited: BELINDA and white-light femtosecond lidar, Springer Ser. Opt. Sci. **102**, 399－443（2005）

[1.127] N. Del Fatti, A. Arbouet, F. Vallee: Femtosecond optical investigation of electron-lattice interactions in an ensemble and a single metal nanoparticle, Appl. Phys. B **84**, 175（2006）

[1.128] G. Rutherford, D. Karnakis, A. Webb, M. Knowles: Optimization of the laser drilling process for fuel injection components, Adv. Laser Appl. Conf. ALAC 2005, Ann Arbor（2005）

[1.129] N. H. Rizwi: Femtosecond laser micromachining. Current status and applications, Riken Rev. **50**, 107－112（2003）

[1.130] H. Nikura, F. Légaré, R. Hasbani, A. D. Bandrauk, M. Y. Ivanov, D. M. Villeneuve, P. B. Corkum: Sublaser-cycle electron pulses for probing molecular dynamics, Nature **417**, 917（2002）

[1.131] J. D. Lindl: *Inertial Confinement Fusion*（Springer, Berlin, Heidelberg 1998）

[1.132] B. M. Hegelich, B. Albright, P. Audebert, A. Blazevic, E. Brambrink, J. Cobble, T. Cowan, J. Fuchs, J. C. Gauthier, C. Gautier, M. Geissel, D. Habs, R. Johnson, S. Karsch, A. Kemp: Spectral propertiesof laser accelerated mid Z MeV/u ion beams, Phys. Plasmas **12**（5）, 056314（2005）

[1.133] P. Corkum: Attosecond imaging: Asking a moleculeto paint a self-portrait. In:

Max Born, *A Celebration*（Max-Born Institut，Berlin 2004）

［1.134］ G. G. Paulus，F. Lindner，H. Walther，A. Baltuska，E. Goulielmakis，M. Lezius，F. Krausz：Measurement of the phase of few cycle laser pulses，Phys. Rev. Lett. **91**，253004（2003）

［1.135］ P. Corkum，F. Krausz：Attosecond science，Nat. Phys. **3**，381（2007）

［1.136］ E. Goulielmakis，Z.－H. Loh，A. Wirth，R. Santra，N. Rohringer，V. S. Yakovlev，S. Zherebtsov，T. Pfeifer，A. M. Azzeer，M. F. Kling，S. R. Leone，F. Krausz：Real-time observation of valence electron motion，Nature **466**，739（2010）

［1.137］ M.－F. Kling，M. J. J. Vrakking：Attosecond electron dynamics，Annu. Rev. Phys. Chem. **59**，463（2008）

［1.138］ M. Gertevolf，M. Spanner，D. M. Raynev，P. B. Corkum：Demonstration of attosecond ionization dynamics inside transparent media，J. Phys. B **43**，131002（2010）

［1.139］ H. Edner，K. Fredriksson，A. Sunesson，S. Svanberg，L. Unéus，W. Wendt：Mobile remote sensing system for atmospheric monitoring，Appl. Opt. **26**，4330（1987）

［1.140］ G. Fioccio，L. D. Smullin：Detection of scattering layers in the upper atmosphere（60－140 km）by optical radars，Nature **199**，1275（1963）

［1.141］ R. M. Shotland：Some observation of the vertical profile of water vapour by a laser optical radar，Proc. 4th Symp. Remote Sens. Envir. Univ. Mich.，Ann Arbor（1966）p. 273

［1.142］ K. W. Rothe，U. Brinkman，H. Walther：Applications of tuneable dye lasers to air pollution detection：Measurements of atmospheric NO_2 concentrations by differential absorption，Appl. Phys. **3**，115（1974）

［1.143］ K. W. Rothe，U. Brinkman，H. Walther：Applications of tuneable dye lasers to air pollution detection：Measurements of atmospheric NO_2 concentrations by differential absorption，Appl. Phys. **4**，181（1974）

［1.144］ W. B. Grant，R. D. Hake Jr.，E. M. Liston，R. C. Robbins，E. K. Proctor Jr.：Calibrated remote measurements of NO_2 using differential absorption backscattering technique，Appl. Phys. Lett. **24**，550（1974）

［1.145］ R. M. Measures：*Laser Remote Sensing：Fundamentals and Applications*（Wiley，New York 1984）

［1.146］ R. M. Measures（Ed.）：*Laser Remote Chemical Analysis*（Wiley Interscience，New York 1988）

［1.147］ M. Sigrist（Ed.）：*Air Pollution Monitoring with Optical Techniques*（Wiley，New York 1993）

［1.148］ C. Weitkamp（Ed.）：*LIDAR：Range-Resolved Optical Remote Sensing of the Atmosphere*，Springer Ser. Opt. Sci.（Springer，Berlin，Heidelberg 2005）

［1.149］ T. Fujii，T. Fukuchi（Eds.）：*Laser Remote Sensing*（CRC，Boca Raton 2005）

［1.150］ Proc. 25th Int. Laser Radar Conf.，St. Petersburg（IAOSB RAS，Tomsk 2010）

［1.151］ S. Svanberg：Differential absorption lidar. In：*Air Pollution Monitoring with Optical Techniques*，ed. by M. Sigrist（Wiley，New York 1993），Chap. 3

［1.152］ S. Svanberg：Geophysical gas monitoring using optical techniques：Volcanoes，geothermal fields and mines，Opt. Lasers Eng. **37**，245（2002）

［1.153］ S. Svanberg：Fluorescence spectroscopy and imaging of LIDAR targets. In：*Laser Remote Sensing*，ed. by T. Fujii，T. Fukuchi（CRC，Boca Raton 2005），Chap. 6

［1.154］ P. Weibring，H. Edner，S. Svanberg：Versatile mobile lidar system for environmental monitoring，Appl. Opt. **42**，3583（2003）

［1.155］ W. Happer，G. MacDonald，C. Max，F. J. Dyson：Atmospheric turbulence compensation by resonant optical backscattering from the sodium layer in the upper atmosphere，J. Opt. Soc. Am. A **11**，263（1994）

［1.156］ C. L. Korb，B. M. Gentry，C. Y. Weng：The edge technique：Theory and application to the lidar measurement of atmospheric winds，Appl. Opt. **31**，4202（1992）

［1.157］ C. Flesia，C. Korb：Theory of the double-edged molecular technique for Doppler lidar wind measurements，Appl. Opt. **38**，432（1999）

［1.158］ J. T. Houghton（Ed.）：*Climate Change* 2001 – *The Scientific Basis*（Cambridge Univ. Press，Cambridge 2001）

［1.159］ M. Sjöholm，P. Weibring，H. Edner，S. Svanberg：Atomic mercury flux monitoring using and optical parametric oscillator based lidar system，Opt. Express **12**，551（2004）

［1.160］ R. Grönlund，M. Sjöholm，P. Weibring，H. Edner，S. Svanberg：Elemental mercury emissions fromchlor-alkali plants measured by lidar techniques，Atmos. Environ. **39**，7474（2005）

［1.161］ P. Weibring，J. Swartling，H. Edner，S. Svanberg，T. Caltabiano，D. Condarelli，G. Cecchi，L. Pantani：Optical monitoring of volcanic sulphur dioxide emissions-Comparison between four different remote sensing techniques，Opt. Lasers Eng. **37**，267（2002）

［1.162］ P. Weibring，C. Abrahamsson，J. N. Smith，H. Edner，S. Svanberg：Multicomponent chemical analysis of gas mixtures using a continuously-tuneable lidar system，Appl. Phys. B **79**，525（2004）

［1.163］ J. Sandsten，H. Edner，S. Svanberg：Gas visualization of industrial hydrocarbon emissions，Opt. Express **12**，1443（2004）

[1.164] P. Weibring, T. Johansson, H. Edner, S. Svanberg, B. Sundnér, V. Raimondi, G. Cecchi, L. Pantani: Fluorescence lidar imaging of historical monuments, Appl. Opt. **40**, 6111 (2001)

[1.165] H. Edner, J. Johansson, S. Svanberg, E. Wallinder: Fluorescence lidar multicolor imaging of vegetation, Appl. Opt. **33**, 2471 (1994)

[1.166] M. Andersson, et al. : Proc. ISPRS Symp. Phys. Meas. Signat. Remote Sens., Val d' Isère (1994) p. 835

[1.167] V. Raimondi, G. Cecchi, L. Pantani, R. Chiari: Fluorescence lidar monitoring of historical buildings, Appl. Opt. **37**, 1089 (1998)

[1.168] D. Lognoli, G. Cecchi, L. Pantani, V. Raimondi, R. Chiari, T. Johansson, P. Weibring, H. Edner, S. Svanberg: Fluorescence lidar imaging of the Parma cathedral and baptistery, Appl. Phys. B **76**, 1 (2003)

[1.169] R. Grönlund, J. Hällström, S. Svanberg, K. Barup: Fluorescence lidar multispectral imaging of historical monuments-Övedskloster, a Swedish casestudy, Proc. Lacona VI, Vienna (2005)

[1.170] R. Grönlund, M. Lundqvist, S. Svanberg: Remote imaging laser-induced breakdown spectroscopy and laser-induced fluorescence spectroscopy using nanosecond pulses from a mobile lidar system, Appl. Spectrosc. **60**, 853(2006)

[1.171] R. Grönlund, J. Hällström, A. Johansson, L. Palombi, D. Lognoli, V. Raimondi, G. Cecchi, K. Barup, C. Conti, O. Brandt, B. Santillo Frizell, S. Svanberg: Laser-induced fluorescence for assessment of cultural heritage. In: *Laser Remote Sensing*, ed. by T. Fujii, T. Fukuchi(CRC, Boca Raton 2005) p. 723

[1.172] L. Palombi, D. Lognoli, V. Raimondi, G. Cecchi, C. Conti, J. Hällström, K. Barup, R. Grönlund, A. Johansson, S. Svanberg: Hyperspectral fluorescence Lidar imaging at the Coliseum, Rome: Elucidating past conservation interventions, Opt. Express **16**, 6794 (2008)

[1.173] J. Hällström, K. Barup, R. Grönlund, A. Johansson, S. Svanberg, L. Palombi, D. Lognoli, V. Raimondi, G. Cecchi, C. Conti: Documentation of soiled and biodeteriorated facades : A case study on the Coliseum, Rome, using hyperspectral imaging fluorescence lidars, J. Cult. Herit. **10**, 106 (2009)

[1.174] Z. G. Guan, M. Brydegaard, P. Lundin, M. Wellenreuther, E. Svensson, S. Svanberg: Insect monitoring with fluorescence LIDAR techniques- Field experiments, Appl. Opt. **48**, 5668 (2010)

[1.175] M. Brydegaard, P. Lundin, Z. G. Guan, A. Runemark, S. Åkesson, S. Svanberg: Feasibility study: Fluorescence LIDAR for remote bird classification, Appl. Opt. **49**, 4531 (2010)

［1.176］ F. E. Hoge：Ocean and terrestrial lidar measurements. In：*Laser Remote Chemical Analysis*，ed. by R. M. Measures（Wiley Interscience，New York 1988）p. 409

［1.177］ H. Amann：Laser spectroscopy for monitoring and research in the ocean，Phys. Scr. T **78**，68（1998）

［1.178］ C. E. Brown，M. F. Fingas：Review of the development of laser fluorosensors for oil spillapplications，Mar. Pollut. Bull. **47**，477（2003）

［1.179］ I. Moya，L. Camenen，G. Latouche，C. Mauxion，S. Evain，Z. G. Cerovic：An instrument for the measurement of sunlight excited plant fluorescence，Photosynthesis **42**，65（1998）

［1.180］ L. J. Radziemski，T. R. Loree，D. A. Cremers，N. M. Hoffman：Time-resolved laser-induced break-down spectroscopy of aerosols，Anal. Chem. **55**，1246（1983）

［1.181］ S. Palanco，J. M. Baena，J. J. Laserna：Open-path laser-induced plasma spectrometry for remote analytical measurements on solid surfaces ，Spectrochim. Acta B **57**，591（2002）

［1.182］ R. C. Wiens，S. Maurice，D. A. Cremers，S. Chevrel：The applicability of laser-induced break down spectroscopy（LIBS）to Mars exploration，Lun. Planet. Sci. **XXXIV**，1646（2003）

［1.183］ R. Grönlund，M. Lundqvist，S. Svanberg：Remote imaging laser-induced break-down spectroscopy and remote cultural heritage ablative cleaning，Opt. Lett. **30**，2882（2005）

［1.184］ K. Kohse-Höinghaus，J. B. Jeffries（Eds.）：*Applied Combustion Diagnostics*（Taylor Francis，New York2002）

［1.185］ B. Kaldvee，A. Ehn，J. Bood，M. Aldén：Development of a picosecond- LIDAR system for large-scale combustion diagnostics，Appl. Opt. B **48**，65（2009）

［1.186］ R. Berg，O. Jarlman，S. Svanberg：Medical transillumination imaging using short-pulse diode lasers，Appl. Opt. **32**，574（1993）

［1.187］ C. af Klinteberg，A. Pifferi，S. Andersson-Engels，R. Cubeddu，S. Svanberg：In vivo absorption spectroscopy of tumor sensitizers using femtosecond white light，Appl. Opt. **44**，2213（2005）

［1.188］ C. Abrahamsson，T. Svensson，S. Svanberg，S. Andersson-Engels，J. Johansson，S. Folestad：Time and wavelength resolved spectroscopy of turbid media using light continuum generated ina crystal fibre，Opt. Express **12**，4103（2004）

［1.189］ C. Abrahamsson，J. Johansson，S. Andersson-Engels，S. Svanberg，S. Folestad：Time-resolved NIR spectroscopy for quantitative analysis of intact pharmaceutical tablets，Anal. Chem. **77**，1055（2005）

［1.190］ M. Sjöholm, G. Somesfalean, J. Alnis, S. Andersson-Engels, S. Svanberg: Analysis of gas dispersed inscattering solids and liquids, Opt. Lett. **26**, 16 （2001）

［1.191］ L. Persson, H. Gao, M. Sjöholm, S. Svanberg: Diodelaser absorption spectroscopy for studies of gas exchange in fruits, Lasers Opt. Eng. **44**, 687 （2006）

［1.192］ G. Somesfalean, M. Sjöholm, J. Alnis, C. afKlinteberg, S. Andersson- Engels, S. Svanberg: Concentration measurement of gas imbedded inscattering media employing time and spatially resolved techniques, Appl. Opt. **41**, 3538（2002）

［1.193］ M. Andersson, L. Persson, M. Sjöholm, S. Svanberg: Spectroscopic studies of wood-drying processes, Opt. Express **14**, 3641 （2006）

［1.194］ L. Persson, K. Svanberg, S. Svanberg: On the potential for human sinus cavity diagnostics using diodelaser gas spectroscopy, Appl. Phys. B **82**, 313 （2006）

［1.195］ L. Persson, M. Andersson, M. Cassel-Engquist, K. Svanberg, S. Svanberg: Gas monitoring in human sinuses using tunable diode laser spectroscopy, J. Biomed. Opt. **12**, 5 （2007）

［1.196］ L. Persson, M. Lewander, M. Andersson, K. Svanberg, S. Svanberg: Simultaneous detection of molecular oxygen and water vapor in the tissue optical window using tunable diode laser spectroscopy, Appl. Opt. **47**, 2028 （2008）

［1.197］ S. Svanberg: Environmental and medical applications of photonic interactions, Phys. Scr. T **110**, 39 （2004）

［1.198］ S. Svanberg: Laser based diagnostics-From cultural heritage to human health, Appl. Phys. B **92**, 351 （2008）

［1.199］ S. Svanberg: *Atomic and Molecular Spectroscopy-Basic Aspects and Practical Applications*, 4th edn. （Springer, Heidelberg, Berlin 2004）

［1.200］ D. Strickland, G. Mourou: Compression of amplified chirped optical pulses, Opt. Commun. **56**, 219 （1985）

［1.201］ A. Braun, G. Korn, X. Liu, D. Du, J. Squier, G. Mourou: Self-channelling of high-peak-power femtosecond laser pulses in air, Opt. Lett. **20**, 73 （1995）

［1.202］ J. Kasparian, M. Rodrigues, G. Mejean, J. Yu, G. Salmon, H. Wille, R. Bourajou, S. Frey, Y.–B. Andre, A. Mysyrowicz, R. Sauerbrey, J. P. Wolf, L. Wöste: White-light filaments for atmospheric analysis, Science **301**, 61 （2003）

［1.203］ K. Stelmaszczyk, P. Rohwetter, G. Méjean, J. Yu, E. Salmon, J. Kasparian, R. Ackermann, J.–P. Wolf, L. Wöste: Long-distance remote laser-induced breakdown using filamentation in air, Appl. Phys. Lett. **85**, 3977–3979（2004）

光 纤

随着极低损耗光纤的开发及其在通信系统中的应用，在过去 40 年里已发生一场革命。2001 年，通过利用玻璃纤维作为传输介质，用光波作为载波，信息能以大于 1 Tbit/s（大致等于同时打约 1 500 个电话时的信息传输量）的速度通过一根细如毛发的光纤进行传输。2006 年，有人用一根长 160 km 的单光纤以 14 Tbit/s 的速度进行了信息传输实验演示——这个速度相当于在 1 s 内发送 140 部数字高清电影。最近，有人报道了用长 165 km 的单模光纤以大于 100 Tbit/s 的速度传输唱片。这些都可视为是极其重要的科技成果。在本章，我们将探讨光纤在光通信系统中应用时的传播特性，还要介绍光纤的一些非通信用途，如探测。

|2.1 一些历史评论|

19 世纪后期，电话的出现彻底改变了人们之间的通信方式。电话的发明史相当复杂而且有争议。1831 年，迈克尔·法拉第报道了一系列实验，实验表明通过金属导电回路和一块磁铁之间的相对运动或通过改变穿过回路的磁场，可以生成电流。1854 年，法国报务员 M. Charles Bourseul 首次提出了关于电话机的可行建议，但该建议没有成功。1861 年，德国教师 Johann Philip Reis 制造出了一种将声音转化为电，再将电转化为声音的装置。Reis 制造的仪器能传输乐声甚至语言，但他的装置不够完善。2002 年，美国众议院通过了一项决议，承认意大利移民安东尼奥·穆齐（Antonio Meucci）作为电话发明者做出的成就，穆齐也确实在 1860 年演示过他的电话。16 年后，也就是 1876 年，亚历山大·格雷厄姆·贝尔（Alexander Graham Bell）申请了电话专利。

光波通信的理念可追溯到 1880 年，也就是在 1876 年发明电话后贝尔又接着发明了光电话机之时。在这个非凡的实验中，通过调制光束，语音便通过空气被传输到听筒。这种电话的发射装置由一个柔性反射隔膜组成，隔膜能被声音触动，并受到太阳光的照射。反射光束由相隔一定距离处的一个抛物线形反射镜接收。这个抛物线形反射镜将光线集中在一个硒光电池上——这个硒光电池和接听耳机一起形成一个电路。在隔膜附近出现的声波使隔膜振动，随后导致隔膜反射的光发生变化。落到硒光电池上的光的变化导致电池的电导率发生变化，进而使电路中的电流发生变化。电流的改变使声音在耳机中重现。这就是有关光通信的第一个实验。下面是引用的一段话[2.1]：

在 1880 年，他（格雷厄姆·贝尔）制造出了光电话机。在他生命的弥留之际，他坚称光电话……是他最伟大的发明，甚至比电话还伟大……但与电话不同的是，光电话没有商业价值。

但在亚历山大·格雷厄姆·贝尔做了这个漂亮的实验之后，在光通信领域并没有太大进展。这是因为没有合适的光源能可靠地用作信息载流子。激光在 1960 年出现之后，为了核实在传统通信系统中建立光学模拟的可能性，立刻触发了很多研究活动。首批此类现代光通信实验涉及激光束在大气中的传输。但人们很快就意识到，与在较长波长下工作的微波或无线电系统不同的是，激光光束不能携带着信号在大气中传输适当长的距离。这是因为光束（波长大约为 1 μm）在大气中发生散射和吸收之后出现了严重衰减和畸变。因此，要使在陆地环境下的长距离光波通信变得可靠，必须提供一种传输介质，用于保护载信号激光束不受地球大气层中异常行为的影响。1966 年，Kao 和 Hockham[2.2]提出了一个极其重要的建议。他们说，如果能够将金属杂质及其他杂质从二氧化硅中去除，则基于石英玻璃的光纤将能提供所需要的传输介质。1966 年，Kao 和 Hockham 发表了文章，称即使是市场上最透明的玻璃也具有极高的损耗（超过 1 000 dB/km，意味着与光束穿过仅 20 m 长的光纤时相比，在玻璃中的功率损耗达到 100 倍），这样高的损耗主要是由玻璃中存在的微量杂质造成的。显然，这种损耗太高了——甚至对于几百米的短距离来说也太高。他们在 1966 年发表的文章触发了一波严肃认真的研究热潮，以探究如何去除玻璃中存在的微量杂质。于是，低损耗光纤出现了。1970 年，Kapron、Keck 和 Maurer（美国康宁玻璃公司）成功地制造出了在 633 nm 氦氖激光波长下损耗只有大约 17 dB/km 的石英光纤。从那以后，石英光纤技术便开始飞速发展。到 1985 年，损耗极低（小于 0.25 dB/km）的玻璃光纤便开始例行生产。这样低的损耗意味着在光束穿过 1 km 的光纤之后传输了超过 94% 的入射功率。由于损耗低，两个连续中继器（用于放大及整形衰减信号）之间的距离可能长达 250 km。2009 年，因为在光通信光纤中的光传输方面取得突破性的成就，Charles Kao 博士与另一位科学家一起获得了诺贝尔物理学奖。诺贝尔奖委员会的主席 Joseph Nordgren 教授说：Charles Kao 在 1966 年的发明是纤维光学领域中的一大突破……彻底改变了全球的信息传输方式。

|2.2　光　　纤|

　　光通信系统的核心是光纤。光纤起着传输通道的作用，里面携带着装有信息的光束。由于出现全内反射（通常缩写为 "TIR"）现象，光束被引导着穿过光纤。图 2.1 所示是一种由折射率为 n_1 的圆柱形电介质纤芯组成的光纤，纤芯表面覆有一种折射率较低的材料，折射率为 n_2（$n_2 < n_1$）。我们通常用一个参数 Δ（$= (n_1 - n_2)/n_2$）来定义纤芯和包层之间的折射率分数差。而且必须采用有包层的光纤（见图 2.1），而不是裸光纤，因为在光从一个地方传播到另一个地方时，光纤必须有支撑，而支撑结构可能使光纤严重变形，从而影响光波制导。这个问题可通过选择足够厚的包层来避免。

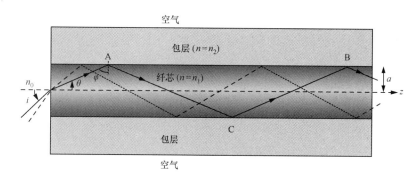

图 2.1　射线在阶跃折射率光纤中的传播

　　当光脉冲在光纤中传播时，由于存在各种各样的机制，光脉冲会衰减；脉冲在时域中还会展宽，导致所谓的"脉冲色散"。除此之外，由于光纤中的光强度较高，非线性光学效应开始起作用。衰减、脉冲色散和非线性效应是决定光纤中信息传输能力的三个最重要的特性。显然，衰减量越低（即色散度越低，非线性效应越小），所需要的中继站间距就越大，因此信息传输能力就越高，通信系统的成本也就越低。

|2.3 光纤的衰减|

光纤的损耗用 dB/km 来度量。光纤损耗可定义为

$$\alpha(\text{dB/km}) = \frac{10}{L(\text{km})} \lg\left(\frac{P_{\text{in}}}{P_{\text{out}}}\right) \tag{2.1}$$

式中，P_{in} 和 P_{out} 是与光纤长度 L（km）相对应的输入功率和输出功率。

图2.2 显示了典型石英光纤的光纤衰减系数 α 与波长之间的典型相关性[2.3]。可以看到，当波长约为 1550 nm 时，损耗约为 0.25 dB/km。这种损耗极低的光纤可以用各种方法来制造，例如改进的化学气相沉积（MCVD）工艺或外气相沉积（OVD）工艺。光纤的损耗是由各种各样的机制造成的，例如瑞利散射，由光纤中的金属杂质和水导致的光吸收以及二氧化硅分子本身对光的内部吸收。瑞利散射损耗随着 $1/\lambda_0^4$ 的不同而不同，亦即在短波长下的散射损耗比在长波长下的散射损耗多。在这里，λ_0 代表自由空间波长。这就是在大约 1550 nm 的波长下损耗系数开始降低的原因。在大约 1240 nm 和 1380 nm 波长下出现的两个吸收峰主要是由微量 OH⁻离子和微量金属离子造成的。例如，在 1100 nm 的波长下，甚至 1 ppm（百万分之一）的铁都会造成大约 0.68 dB/km 的损耗。同理，在 1380 nm 的波长下，浓度为 1 ppm 的OH⁻离子会造成 4 dB/km 的损耗。由此可以看到要获得低损耗光纤所需要达到的光

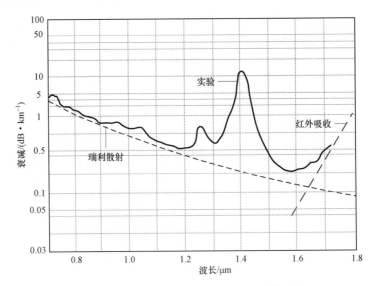

图 2.2　典型石英光纤的衰减谱（根据文献［2.3］）

纤纯度。如果将这些杂质完全去除，这两个吸收峰就会消失（见图 2.3），于是在 1 250～1 650 nm 的整个波长范围内将会得到极低的损耗[2.4]。在典型的商用光纤中，当波长分别为 $\lambda_0 = 1\,310$ nm、$1\,550$ nm、$1\,625$ nm 时，损耗分别约为 0.29 dB/km、0.19 dB/km、0.21 dB/km。这些光纤为通信用途开创了超过 50 THz 的带宽。当 $\lambda_0 > 1\,600$ nm 时，由于红外光被二氧化硅分子吸收，因此损耗系数会增大。这是二氧化硅的一个固有特性，无论多高的光纤纯度都无法将这个红外吸收尾去除。

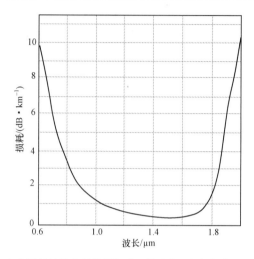

图 2.3　含水量极低的光纤的损耗谱（请注意，低损耗窗口的范围为 1 250～1 650 nm（≈50 THz），这些光纤如今已能从市场上买到（根据文献 [2.4]））

可以看到，在石英光纤中有两个损耗窗口的损耗都达到了最低值。第一个窗口在大约 1 300 nm 处（典型的损耗系数小于 1 dB/km），此处恰巧（在后面可以看到）材料色散可忽略不计。但在大约 1 550 nm 的波长下，损耗能达到绝对最低值——大约 0.2 dB/km。由于掺铒光纤放大器如今已能买到，因此后一个窗口变得极其重要。

2.4　阶跃光纤的模

通过对光纤模的分析，我们可以了解其传播特性，这种传播特性在光纤通信系统的设计中起着极其重要的作用。阶跃光纤（见图 2.1）以下列折射率分布为特征：

$$n(r) = n_1, \quad 0 < r < a \quad \text{纤芯}$$
$$n(r) = n_2, \quad r > a \quad \text{包层} \tag{2.2}$$

式中，r 代表柱面径向坐标。在实际光纤中，$\Delta \ll 1$，因此可以使用所谓的"标量波近似法"（又叫作"弱导近似法"）。在这种近似法中，模场假设为几乎横向，具有任意偏振态。因此，可以假设两组独立的模分别为 x 偏振和 y 偏振，则在标量近似法中，这两组模具有相同的传播常数。这些线式偏振（LP）模通常叫作"LP 模"。在这种近似法中，电场的横向分量（E_x 或 E_y）满足标量波方程：

$$\nabla^2 \Psi = \frac{n^2}{c^2}\frac{\partial^2 \Psi}{\partial t^2} \tag{2.3}$$

式中，c（$\approx 3\times 10^8$ m/s）是自由空间中的光速。在大多数实际光纤中，n^2 只与柱面坐标 r 有关，因此可以很方便地利用柱面坐标系来写出如下形式的式（2.3）的解：

$$\Psi(r,\phi,z,t) = \psi(r,\phi)\mathrm{e}^{\mathrm{i}(\omega t - \beta z)} \tag{2.4}$$

式中，ω 为角频率；β 为传播常数。方程式（2.4）定义了光纤的传播模。由于 ψ 只与 r 和 ϕ 有关，因此这些模代表着在光纤中传播时无变化（除相位变化外）的横向场配置。根据式（2.4），可以将传播模的相速度和群速定义为

$$v_{\mathrm{p}} = \frac{\omega}{\beta} = \frac{c}{n_{\mathrm{eff}}(\omega)}, \quad v_{\mathrm{g}} = \left(\frac{\mathrm{d}\beta}{\mathrm{d}\omega}\right)^{-1} \tag{2.5}$$

式中，

$$n_{\mathrm{eff}} = \frac{\beta}{k_0} \tag{2.6}$$

被称为"传播模的有效折射率"，$k_0 = \omega/c$ 代表自由空间传播常数。

将 Ψ 代入式（2.3），可以得到

$$\frac{\partial^2 \psi}{\partial r^2} + \frac{1}{r}\frac{\partial \psi}{\partial r} + \frac{1}{r^2}\frac{\partial^2 \psi}{\partial \phi^2} + [k_0^2 n^2(r) - \beta^2]\psi = 0 \tag{2.7}$$

式（2.7）可利用变数分离法来求解。由于这种介质具有圆柱对称性，因此 ϕ 的相关性函数将写成 $\cos(l\phi)$ 或 $\sin(l\phi)$ 形式。对于单值函数（例如，$\Phi(\phi + 2\pi) = \Phi(\phi)$），必须令 $l = 0$，1，2，…。因此，整个横向模场为

$$\Psi(r,\phi,z,t) = R(r)\mathrm{e}^{\mathrm{i}(\omega t - \beta z)}\begin{bmatrix}\cos(l\phi)\\\sin(l\phi)\end{bmatrix} \tag{2.8}$$

式中，$R(r)$ 满足这个方程的径向部分：

$$r^2\frac{\mathrm{d}^2 R}{\mathrm{d}r^2} + r\frac{\mathrm{d}R}{\mathrm{d}r} + \{[k_0^2 n^2(r) - \beta^2]r^2 - l^2\}R = 0 \tag{2.9}$$

在写式（2.9）的解之前，要一般性地评论一下对任意圆柱形对称光纤而言式（2.9）的解，这种光纤的折射率从轴线上的值 n_1 单调地减小到纤芯-包层界面 $r = a$ 外的恒定值 n_2（见图2.4）。式（2.9）的解可分为两个明显不同的类别。

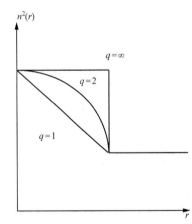

图 2.4 具有幂律分布的渐变折射率光纤的折射率变化

1. 导模

$$n_2^2 < \frac{\beta^2}{k_0^2} < n_1^2 \tag{2.10}$$

对于在上述范围内的 β^2，模场 $R(r)$ 在纤芯中振荡，在包层中衰减，β^2 假定只有离散值，这些模场被称为"光纤的导模"。对于已知值 l，将会有几个导模，这些导模被称为"LP_{lm} 模"（$m = 1, 2, \cdots$），LP 代表线式偏振。此外，由于这些导模是标量波方程的解，因此它们可假定为满足正交条件：

$$\int\limits_0^\infty \int\limits_0^{2\pi} \psi_{lm}^*(r,\phi)\, \psi_{l'm'}(r,\phi) r \mathrm{d}r \mathrm{d}\phi = \delta_{ll'}\delta_{mm'} \tag{2.11}$$

2. 辐射模

$$0 < \frac{\beta^2}{k_0^2} < n_2^2 \tag{2.12}$$

对于这些 β 值，模场是振荡的，甚至在包层中也如此；β 可假定为一个数值连续统。这些模场被称为"辐射模"。

现在，对于阶跃折射率光纤来说，良性导模的方程式（2.9）的解可写成贝塞尔函数 J_l 和 K_l

$$\psi(r,\phi) = \begin{cases} \dfrac{A}{J_l(U)} J_l\left(\dfrac{Ur}{a}\right) \begin{pmatrix} \cos(l\phi) \\ \sin(l\phi) \end{pmatrix}, & r < a \\[4mm] \dfrac{A}{K_l(W)} K_l\left(\dfrac{Wr}{a}\right) \begin{pmatrix} \cos(l\phi) \\ \sin(l\phi) \end{pmatrix}, & r > a \end{cases} \tag{2.13}$$

式中，A 是常数。我们假设在纤芯 – 包层界面处 ψ 具有连续性，而且

$$U \equiv a\sqrt{k_0^2 n_1^2 - \beta^2} \ \text{且} \ W \equiv a\sqrt{\beta^2 - k_0^2 n_2^2} \tag{2.14}$$

归一化波导参数 V 被定义为

$$V = \sqrt{U^2 + W^2} = k_0 a\sqrt{n_1^2 - n_2^2} \tag{2.15}$$

波导参数 V（也与工作波长 λ_0 有关）是光纤的一个极其重要的量。对于导模来说，$n_2^2 k_0^2 < \beta^2 < n_1^2 k_0^2$，因此 U 和 W 都是实数。由此，可以很方便地将归一化传播常数定义为

$$b = \frac{\dfrac{\beta^2}{k_0^2} - n_2^2}{n_1^2 - n_2^2} = \frac{W^2}{V^2} \tag{2.16}$$

因此，$W = V\sqrt{b}$ 且 $U = V\sqrt{1-b}$。通过利用式（2.10），可以看到导模的特征是 $0 < b < 1$。通过利用当 $r = a$ 时 $\partial\psi / \partial r$ 的连续性以及贝塞尔函数恒等式，可以得到下列超越方程组。这些方程决定着 LP_{lm} 导模的归一化传播常数 b 的容许离散值[2.6]。

$$V(1-b)^{\frac{1}{2}} \frac{J_{l-1}\left[V(1-b)^{\frac{1}{2}}\right]}{J_l\left[V(1-b)^{\frac{1}{2}}\right]} = -Vb^{\frac{1}{2}} \frac{K_{l-1}\left(Vb^{\frac{1}{2}}\right)}{K_l\left(Vb^{\frac{1}{2}}\right)}, \quad l \geq 1 \tag{2.17}$$

和

$$V(1-b)^{\frac{1}{2}} \frac{J_1\left[V(1-b)^{\frac{1}{2}}\right]}{J_0\left[V(1-b)^{\frac{1}{2}}\right]} = -Vb^{\frac{1}{2}} \frac{K_1\left(Vb^{\frac{1}{2}}\right)}{K_0\left(Vb^{\frac{1}{2}}\right)}, \quad l=0 \qquad (2.18)$$

上述超越方程的解将为我们提供用于描述 b（以及 U 和 W）与 V 之间相关性的万有曲线。当 l 值已知时，将会得到有限数量的解，第 m 个解（$m=1$，2，…）叫作 "LP$_{lm}$ 模"。b 随 V 的变化构成了图 2.5 中绘制的一组万有曲线[2.5]。可以看到，在特定的 V 值处，光纤只支持有限数量的模。图 2.6 显示了阶跃折射率光纤的一些低阶 LP$_{lm}$ 模的典型场型。

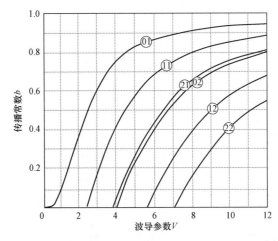

图 2.5　阶跃折射率光纤的归一化传播常数 b 随 V 的变化（根据文献［2.5］）

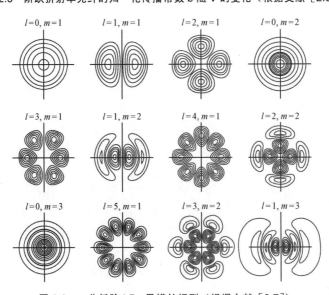

图 2.6　一些低阶 LP$_{lm}$ 导模的场型（根据文献［2.7］）

导模和辐射模构成了一整组解，言下之意是光纤中的任意场分布都能用离散导模 $\psi_j(x, y)$ 和连续辐射模 $\psi(x, y, \beta)$ 的线性组合来表示：

$$\Psi(x, y, z) = \sum a_j \psi_j(x, y)\, e^{-i\beta_j z} + \int a(\beta)\, \psi(x, y, \beta) e^{-i\beta z}\mathrm{d}\beta \qquad (2.19)$$

式中，$|a_j|^2$ 与第 j 个导模所携带的功率成正比，$|a(\beta)|^2\, \mathrm{d}\beta$ 与辐射模所携带的功率成正比，辐射模的传播常数位于 β 和 $\beta + \mathrm{d}\beta$ 之间。常数 a_j 和 $a(\beta)$ 可由 $z = 0$ 时的入射场分布来求出。

我们可能说过，如果要求解矢量波方程，则模可分为 HE_{lm} 模、EH_{lm} 模、TE_{0m} 模和 TM_{0m} 模。相应地，$\mathrm{LP}_{0m} = \mathrm{HE}_{lm}$；$\mathrm{LP}_{1m} = \mathrm{HE}_{2m}$，$\mathrm{TM}_{0m}$；$\mathrm{LP}_{lm} = \mathrm{HE}_{l+1, m}$，$\mathrm{EH}_{l-1, m}$（$l \geqslant 2$）[2.8]。

2.5 单 模 光 纤

从图 2.5 中可以明显看到，对于 $0 < V < 2.404\,8$ 的阶跃折射率光纤来说，将只能得到一个导模——即 LP_{01} 模，又叫作"基模"。这种光纤叫作"单模光纤"，在光纤通信系统中极其重要。作为一个例子，我们先来研究 $n_2 = 1.447$，$\Delta = 0.003$，$a = 4.2\ \mu\mathrm{m}$ 的阶跃折射率光纤。已知 $V = 2.958/\lambda_0$，其中 λ_0 的测量单位为 $\mu\mathrm{m}$。因此，当 $\lambda_0 > 1.23\ \mu\mathrm{m}$ 时，光纤为单模。$V = 2.404\,5$ 时的波长叫作"截止波长"，用 λ_c 表示。在这个例子中，$\lambda_c = 1.23\ \mu\mathrm{m}$。

对于单模阶跃折射率光纤来说，$b(V)$ 的简便经验公式为

$$b(V) = \left(A - \frac{B}{V}\right)^2, \quad 1.5 \leqslant V \leqslant 2.5 \qquad (2.20)$$

式中，$A \approx 1.142\,8$，$B \approx 0.996$。

基模的光斑尺寸

与单模光纤的基模（LP_{01} 模）有关的横向场分布是一个极其重要的量，它决定着各种重要的参数，例如光纤接头处的拼接损耗、光源入纤效率、波束曲折损耗等。对于阶跃折射率光纤，根据贝塞尔函数，我们能得到基场分布的解析表达式。对于具有一般横向折射率分布的大多数单模光纤来说，基模场分布可以用如下形式的高斯函数来进行很好的近似计算：

$$\psi(x, y) = A e^{-\frac{x^2 + y^2}{w^2}} = A e^{-\frac{r^2}{w^2}} \qquad (2.21)$$

式中，w 叫作"模场型的光斑尺寸"，$2w$ 叫作"模场直径"（MFD）。MFD 是单模光纤的一个很重要的特性参数。对于阶跃折射率光纤，可以得到 w 的下列经验表达式[2.9]：

$$\frac{w}{a} \approx 0.65 + \frac{1.619}{V^{3/2}} + \frac{2.879}{V^6}, \quad 0.8 \leqslant V \leqslant 2.5 \qquad (2.22)$$

式中，a 为纤芯半径。例如，对于前面考虑过的、在 1300 nm 波长下工作的阶跃折射率光纤来说，当已知 $w \approx 4.8\ \mu m$ 时，将得到 $V \approx 2.28$。请注意，光斑尺寸比光纤的纤芯半径大，这是因为模场渗入了光纤包层。当已知光斑尺寸值为 $\approx 5.5\ \mu m$ 时，该光纤在波长 $\lambda_0 = 1550\ nm$ 下的 V 值将是 1.908。因此，一般来说，光斑尺寸会随着波长的增加而增加。代号为 G.652 的标准单模光纤在 1310 nm 波长下的 MFD 为 $(9.2 \pm 0.4)\ \mu m$，在 1550 nm 波长下的 MFD 为 $(10.4 \pm 0.8)\ \mu m$。

当 $V \geqslant 10$ 时，模数（对于阶跃折射率光纤来说）约为 $\frac{1}{2}V^2$，光纤可以说是多模光纤。不同的模（在多模光纤中）以不同的群速传播，形成所谓的"模间色散"，用射线光学的语言来说，这叫作"射线色散"，因为不同的射线在光纤中传播时所花的时间不同。实际上，在高度多模化的光纤中，可以用射线光学来计算脉冲色散。

| 2.6 多模光纤的射线分析 |

很多种渐变折射率光纤都可以用下列折射率分布来描述：

$$n^2(r) = n_1^2 \left[1 - 2\Delta \left(\frac{r}{a} \right)^q \right],\ 0 < r < a$$

$$= n_2^2 = n_1^2 (1 - 2\Delta),\ r > a$$

（2.23）

式中，r 表示柱面径向坐标，n_1 代表轴线（即 $r = 0$ 时）上的折射率，n_2 代表包层的折射率；$q = 1$，$q = 2$ 和 $q = \infty$ 分别表示线性折射率分布、抛物线折射率分布和阶跃折射率分布（见图 2.4）。方程式（2.23）描述了通常所说的"幂次定律分布"，精确地阐述了大多数光纤中的折射率变化。在以方程式（2.23）为特征的高度多模化渐变折射率光纤中，总模数近似地等于

$$N \approx \frac{q}{2(2+q)} V^2$$

（2.24）

因此，$V = 10$ 时的抛物线折射率（$q = 2$）光纤将支持大约 25 个模。同理，$V = 10$ 时的阶跃折射率（$q = \infty$）光纤将支持大约 50 个模。当光纤支持这种大数量的模时，则使用射线（或几何光学）能得到很精确的结果。在本节中，我们将利用射线光学来获得多模渐变折射率光纤的传播特性。

在均匀介质中，折射率 n 为常量，光线沿着直线传播。但在渐变折射率介质中，n 取决于空间坐标，光线沿着曲线路径传播。为了简化起见，假设折射率只在 x 方向上变化，这种介质可视为由一组具有不同折射率的连续介质薄片组成的介质的极限情况（见图 2.7（a））。在每个界面，光线都满足斯涅耳定律，于是得到（见图 2.7（a））

$$n_1 \sin \phi_1 = n_2 \sin \phi_2 = n_3 \sin \phi_3 = \cdots$$

因此，可以规定乘积

$$n(x)\cos[\theta(x)] = n(x)\sin[\phi(x)] \qquad (2.25)$$

是射线路径的不变量，我们用 $\tilde{\beta}$ 来表示这个不变量。在式（2.25）中，$\theta(x)$ 是射线与 z 轴之间的夹角。不变量 $\tilde{\beta}$ 的值可这样确定：如果在折射率为 n_1 的那个点，射线开始时与 z 轴之间的夹角为 θ_1，则 $\tilde{\beta}$ 的值为 $n_1\cos\theta_1$。因此，在折射率连续变化的极限情况下，图 2.7（a）中所示的分段直线形成一条连续曲线，这条曲线由下列方程确定：

$$n(x)\cos[\theta(x)] = n_1\cos\theta_1 = \tilde{\beta} \qquad (2.26)$$

意味着当折射率改变时，射线路径会弯曲，以使乘积 $n(x)\cos[\theta(x)]$ 保持恒定。方程式（2.26）可用于推导射线方程，如果 ds 代表沿曲线（见图 2.7（b））方向的无穷小弧长，则

$$(ds)^2 = (dx)^2 + (dz)^2$$

或

$$\left(\frac{ds}{dz}\right)^2 = \left(\frac{dx}{dz}\right)^2 + 1 \qquad (2.27)$$

现在，如果参考图 2.7（b），会发现

$$\frac{dz}{ds} = \cos\theta = \frac{\tilde{\beta}}{n(x)} \qquad (2.28)$$

因此，式（2.27）变成

$$\left(\frac{dx}{dz}\right)^2 = \frac{n^2(x)}{\tilde{\beta}^2} - 1 \qquad (2.29)$$

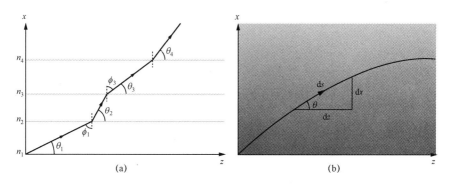

图 2.7 渐变折射率模型及光线行进示意图

（a）在层状结构中，射线会弯曲，以使乘积 $n_i\cos\theta_i$ 保持恒定；（b）在折射率连续变化的介质中，射线路径弯曲，以使乘积 $n(x)\cos[\theta(x)]$ 保持恒定

当 $n(x)$ 的变化已知时，可对式（2.29）求积分，以得到射线路径 $x(z)$。但通过求式（2.29）相对于 z 的微分（见下式），通常能以稍微不同的形式更方便地计算出式（2.29）：

$$\frac{d^2 x}{dz^2} = \frac{1}{2\tilde{\beta}^2} \frac{dn^2}{dx} \tag{2.30}$$

这个式子代表着当折射率只与 x 坐标有关时的严格正确射线方程。因此，在 $n(x)$ 为常量的均质介质中，射线路径为直线形。在以折射率分布为特征的抛物线折射率介质中：

$$n^2(r) = n_1^2 \left[1 - 2\Delta \left(\frac{x}{a} \right)^2 \right], \quad |x| < a \tag{2.31}$$
$$= n_2^2 = n_1^2(1 - 2\Delta), \quad |x| > a$$

在波导的纤芯中，射线路径（通过求解方程式（2.30）来得到）将由下式得到：

$$x = \pm x_0 \sin[\Gamma(z - z_0)] \tag{2.32}$$

选择原点的原则是让 $z_0 = 0$，以使一般的射线路径能由下列方程求出：

$$x = \pm x_0 \sin \Gamma z \tag{2.33}$$

式中，

$$x_0 = \frac{1}{\gamma}\sqrt{n_1^2 - \tilde{\beta}^2}, \quad \gamma = \frac{n_1 \sqrt{2\Delta}}{a} \tag{2.34a}$$

且

$$\Gamma = \frac{\gamma}{\tilde{\beta}} = \frac{n_1 \sqrt{2\Delta}}{a\tilde{\beta}} \tag{2.34b}$$

图 2.8 显示了在不同的 $\tilde{\beta}$ 值时与下列参数相对应的典型射线路径：

$$n_1 = 1.5, \quad \Delta = 0.01, \quad a = 20\ \mu m \tag{2.35}$$

显然，对于在光纤中被导引的射线，必须令

$$n_2 < \tilde{\beta} < n_1 \ (导向射线) \tag{2.36}$$

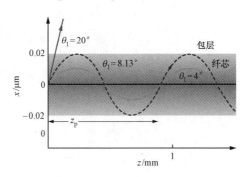

图 2.8 当 $\theta_1 = 4°$、$8.13°$ 和 $20°$ 时，抛物线折射率介质中的典型射线路径（满足式（2.35））

如今，在折射率总体变化为 $n(x, y, z)$ 的介质中，射线路径用下列射线方程来描述[2.10]：

$$\frac{d}{ds}\left(n\frac{dr}{ds}\right) = \nabla n \tag{2.37}$$

式中，ds 是沿着射线方向的弧长，由下式求出：

$$ds = \sqrt{1+\left(\frac{dx}{dz}\right)^2+\left(\frac{dy}{dz}\right)^2} \tag{2.38}$$

当折射率分布已知时，通过求解射线方程，能得到该介质中的射线路径。在光纤中，折射率只与 r 坐标有关，因此式（2.37）的 z 分量为

$$\frac{d}{ds}\left(n\frac{dz}{ds}\right) = \frac{\partial n}{\partial z} = 0$$

因此

$$n\frac{dz}{ds} = n(r)\cos\theta = a\text{constant} = \tilde{\beta} \tag{2.39}$$

式中，θ 是射线与 z 轴的夹角。方程式（2.39）通常叫作"广义斯涅耳定律"。对于抛物线型折射率光纤（$q=2$），子午射线（在 $x-z$ 平面内）将由式（2.32）给定。

通过利用式（2.39），式（2.37）的 x 分量和 y 分量为

$$\begin{cases} \dfrac{d^2x}{dz^2} = \dfrac{1}{2\tilde{\beta}^2}\dfrac{\partial n^2}{\partial x} \\[2mm] \dfrac{d^2y}{dz^2} = \dfrac{1}{2\tilde{\beta}^2}\dfrac{\partial n^2}{\partial y} \end{cases} \tag{2.40}$$

当 n^2 与 z 无关时，这些方程严格正确。当 $n^2(x, y)$ 已知时，可求解方程式（2.40），得到穿过光纤的射线路径。

对于当 $q=2$ 时由式（2.23）给定的抛物线型折射率光纤，可精确地解出方程式（2.40），于是得到射线路径为

$$\begin{cases} x(z) = A\sin(\Gamma z) + B\cos(\Gamma z) \\ y(z) = C\sin(\Gamma z) + D\cos(\Gamma z) \end{cases} \tag{2.41}$$

式中，Γ 在式（2.34b）中已定义，A、B、C 和 D 是根据射线的初始入纤条件求出的常数。

2.7　光纤中的脉冲色散

在数字通信系统中，要传输的信息应首先以脉冲形式编码，然后这些光脉冲从发射机传输到接收器，在那里将信息解码。在每单位时间内可传输的、在接收端仍然可分辨的脉冲数量越大，系统的传输能力越强。当光脉冲在光纤中传播时，进入光纤的光脉冲会在时域内展宽，这种现象叫作"脉冲色散"，其主要是由下面四种机制造成的。

（1）在多模光纤中，色散是由不同的射线在穿过指定长度的光纤时所花时间不同造成的。用波动光学的语言来说，这叫作"模间色散"，因为这是由不同的模以不同的群速传播造成的。

（2）给定的光源在一系列波长下发射光，而且由于折射率与波长有关，光在不同的波长下穿过同一段路径时所花的时间也不同。这叫作"材料色散"，而且很明显会同时在单模光纤和多模光纤中出现。

（3）在单模光纤中，由于只有一个模，没有模间色散。但除材料色散之外，还存在一种所谓的"波导色散"。从物理上来说，波导色散是由（基模的）光斑尺寸明显与波长有关造成的。

（4）单模光纤能支持两个正交偏振的 LP_{01} 模。在沿着完全直线路径铺设的、具有正圆纤芯的光纤中，这两个偏振模会以相同的速度传播。但由于偏振模与纤芯圆度之间存在较小的随机偏差，或由于在光纤中发生随机弯曲和扭曲，这两个正交偏振模会以稍微不同的速度传播，并在光纤长度方向上随机地耦合。这种现象导致形成偏振模色散（PMD）——这种色散对于在至少 40 Gbit/s 的速度下运行的高速通信系统来说变得很重要。

显然，在多模光纤中还存在波导色散和偏振模色散，但这些效应很小，可忽略不计。

2.7.1 幂定律光纤中的射线色散

在本小节，我们将假设光纤为多模光纤，并利用几何光学来计算射线色散。对于由式（2.23）给定的幂律光纤来说，计算出脉冲展宽是可能的，因为不同的射线在穿过一定长度的光纤时所花的时间不同；从波动光学的角度来看，这意味着不同的模将以不同的群速传播（因此射线色散又叫作"模间色散"）。在穿过长度为 z、用 q 分布的式（2.23）来描述的多模光纤时所花的时间只与参数 $\tilde{\beta}$ 有关，并由文献 [2.6，2.11] 求出：

$$\tau(\tilde{\beta}) = \left(A\tilde{\beta} + \frac{B}{\tilde{\beta}} \right) z \qquad (2.42)$$

式中，

$$A = \frac{2}{c(2+q)}, \quad B = \frac{qn_1^2}{c(2+q)} \qquad (2.43)$$

对于在光纤中被导引的射线，$n_2 < \tilde{\beta} < n_1$。例如，对于阶跃折射率光纤（$q = \infty$）来说：

$$\tau(\tilde{\beta}) = \frac{n_1^2}{c\tilde{\beta}} z$$

所以

$$\tau_{\max} = \tau(\tilde{\beta} = n_2) = \frac{n_1^2}{cn_2} z$$

且

$$\tau_{\min} = \tau(\tilde{\beta} = n_1) = \frac{z}{c/n_1}$$

因此，阶跃折射率光纤中的射线色散由下式求出：

$$\Delta\tau = \tau_{\max} - \tau_{\min} = \frac{n_1}{c} \frac{(n_1 - n_2)}{n_2} z$$

$$\approx \frac{n_1 \Delta}{c} z \tag{2.44}$$

因此，当 $n_1 = 1.46$，$\Delta = 0.01$ 时，射线色散将是 50 ns/km。

同理，对于抛物线型折射率光纤（$q = 2$）来说：

$$\tau(\tilde{\beta}) = \frac{1}{2c}\left(\tilde{\beta} + \frac{n_1^2}{\hat{\beta}}\right) z \tag{2.45}$$

所以

$$\tau_{\max} = \tau(\tilde{\beta} = n_2) = \frac{1}{2c}\left(n_2 + \frac{n_1^2}{n_2}\right) z$$

且

$$\tau_{\min} = \tau(\tilde{\beta} = n_1) = \frac{z}{c/n_1}$$

抛物线型折射率光纤中的射线色散由下式求出：

$$\Delta\tau = \tau_{\max} - \tau_{\min} = \frac{n_2 \Delta^2}{2c} z \tag{2.46}$$

当 $n_1 = 1.46$，$\Delta = 0.01$ 时，射线色散约为 0.24 ns/km。因此，我们发现抛物线型折射率光纤的模间（或射线）色散与阶跃折射率光纤相比减小到大约后者的 $\frac{1}{200}$。正是由于这个缘故，早期的光纤通信系统采用了抛物线型折射率光纤，这种光纤目前仍在很多多模光纤通信干线中应用。从物理角度来说，虽然射线（在图 2.8 中为 $\theta_1 = 8.13°$）传播的路径与在 z 坐标上的直线路径相比更长——在具有较低平均折射率的介质中确实如此——但较大的光程长度可通过较高的平均速度来补偿，因此所有的射线将以几乎相同的时间穿过一定距离的波导。

对于能得到最低脉冲色散的最优光纤来说，$q \approx 2 - 2\Delta$，脉冲色散由下式求出：

$$\Delta\tau \approx \frac{n_1 \Delta^2}{8c} z \tag{2.47}$$

2.7.2 材料色散

如果平面波在均匀介质中沿着 $+z$ 方向传播，则

$$E(z,t) = A\mathrm{e}^{\mathrm{i}(\omega t - kz)} \qquad (2.48)$$

如果此波在以折射率变化 $n(\omega)$ 为特征的介质中传播，则

$$k(\omega) = \frac{\omega}{c} n(\omega) \qquad (2.49)$$

此波的相速度由下式求出：

$$v_{\mathrm{p}} = \frac{\omega}{k} \qquad (2.50)$$

时间脉冲以下式中给定的群速传播：

$$v_{\mathrm{g}} = \frac{1}{\mathrm{d}k / \mathrm{d}\omega} \qquad (2.51)$$

因此，

$$\frac{1}{v_{\mathrm{g}}} = \frac{\mathrm{d}k}{\mathrm{d}\omega} = \frac{1}{c}\left[n(\omega) + \omega \frac{\mathrm{d}n}{\mathrm{d}\omega} \right] \qquad (2.52)$$

在自由空间中，在所有频率下都存在 $n(\omega) = 1$，因此

$$v_{\mathrm{g}} = v_{\mathrm{p}} = c \qquad (2.53)$$

因为

$$\omega = \frac{2\pi c}{\lambda_0} \qquad (2.54)$$

于是得到

$$\frac{1}{v_{\mathrm{g}}} = \frac{1}{c}\left[n(\lambda_0) - \lambda_0 \frac{\mathrm{d}n}{\mathrm{d}\lambda_0} \right] \qquad (2.55)$$

脉冲穿过长度为 L 的色散介质所花的时间由下式求出：

$$\tau = \frac{L}{v_{\mathrm{g}}} = \frac{L}{c}\left[n(\lambda_0) - \lambda_0 \frac{\mathrm{d}n}{\mathrm{d}\lambda_0} \right] \qquad (2.56)$$

因此，对于谱宽为 $\Delta\lambda_0$ 的光源来说，脉冲的时域展宽将由下式求出：

$$\Delta\tau_{\mathrm{m}} = \frac{\mathrm{d}\tau}{\mathrm{d}\lambda_0}\Delta\lambda_0 = -\frac{L\Delta\lambda_0}{\lambda_0 c}\left(\lambda_0^2 \frac{\mathrm{d}^2 n}{\mathrm{d}\lambda_0^2} \right) \qquad (2.57)$$

量 $\Delta\tau_{\mathrm{m}}$ 通常被称为"材料色散"，因为它是由介质的材料性质造成的，因此下标为"m"。的确，在脉冲穿过长度为 L 的色散介质之后，时域宽度为 τ_0 的脉冲会增宽至 τ_{f}，其中

$$\tau_{\mathrm{f}}^2 = \tau_0^2 + (\Delta\tau_{\mathrm{m}})^2 \qquad (2.58)$$

材料色散系数（测量单位为 ps/(km·nm)，km 是光纤长度，nm 是光源的谱宽）

由下式求出：

$$D_{m}=\frac{\Delta\tau_{m}}{L\Delta\lambda_{0}}=-\frac{10^{4}}{3\lambda_{0}}\left(\lambda_{0}^{2}\frac{\mathrm{d}^{2}n}{\mathrm{d}\lambda_{0}^{2}}\right)\mathrm{ps/(km\cdot nm)} \tag{2.59}$$

其中采用了 $c\approx3\times10^{8}\,\mathrm{m/s}=3\times10^{-7}\,\mathrm{km/ps}$，式（2.59）中的 λ_{0} 以 μm 为测量单位，括号中的量量纲为 1。量 D_{m} 通常叫作"材料色散系数"（因为它是由介质的材料性质造成的），因此 D 的下标为"m"，这个量（针对纯二氧化硅）的数值见表 2.1。

表 **2.1** 纯二氧化硅的 *n* 和 D_{m} 值（这些数值与文献［2.12］中提供的折射率变化相对应）

$\lambda_{0}/\mu m$	$n(\lambda_{0})$	$[\mathrm{d}n/\mathrm{d}\lambda_{0}]/(\mu m^{-1})$	$[\mathrm{d}^{2}n/\mathrm{d}\lambda_{0}^{2}]/(\mu m^{-2})$	$D_{m}/(\mathrm{ps}\cdot nm^{-1}\cdot km^{-1})$
0.70	1.455 61	− 0.022 76	0.074 1	− 172.9
0.75	1.454 56	− 0.019 58	0.054 1	− 135.3
0.80	1.453 64	− 0.017 251 59	0.040 0	− 106.6
0.85	1.452 82	− 0.015 522 36	0.029 7	− 84.2
0.90	1.452 08	− 0.014 235 35	0.022 1	− 66.4
0.95	1.451 39	− 0.013 278 62	0.016 4	− 51.9
1.00	1.450 75	− 0.012 572 82	0.012 0	− 40.1
1.05	1.450 13	− 0.012 060 70	0.008 6	− 30.1
1.10	1.449 54	− 0.011 700 22	0.005 9	− 21.7
1.15	1.448 96	− 0.011 460 01	0.003 7	− 14.5
1.20	1.448 39	− 0.011 316 37	0.002 0	− 8.14
1.25	1.447 83	− 0.011 251 23	0.000 62	− 2.58
1.30	1.447 26	− 0.011 250 37	− 0.000 55	2.39
1.35	1.446 70	− 0.011 303 37	− 0.001 53	6.87
1.40	1.446 13	− 0.011 400 40	− 0.002 35	10.95
1.45	1.445 56	− 0.011 535 68	− 0.003 05	14.72
1.50	1.444 98	− 0.011 703 33	− 0.003 65	18.23
1.55	1.444 39	− 0.011 898 88	− 0.004 16	21.52
1.60	1.443 79	− 0.012 118 73	− 0.004 62	24.64

在特定的波长下，D_{m} 值是材料的一种特性，对于所有石英光纤来说（几乎）相同。当 D_{m} 为负时，表示波长越长，传播得越快，这叫作"正常群速色散（GVD）"。同理，当 D_{m} 为负时，表示波长越短，传播得越快，这叫作"异常 GVD"。

在约 $\lambda_{0}=825\,\mathrm{nm}$ 波长下工作的 LED 的谱宽 $\Delta\lambda_{0}$ 约为 20 nm。对于在此波长下的纯二氧化硅来说，$D_{m}\approx84.2\,\mathrm{ps/(km\cdot nm)}$。因此，光纤的脉冲将增宽 1.7 ns/km。值得注意的是，当光纤在 $\lambda_{0}\approx1\,300\,\mathrm{nm}$（其中 $D_{m}\approx2.4\,\mathrm{ps/(km\cdot nm)}$）波长下工作时，所得到的材料色散只有 50 ps/km。这时，$\Delta\tau_{m}$ 值很小，这是因为在 $\lambda_{0}\approx1\,300\,\mathrm{nm}$ 的波长

下，群速几乎恒定不变。的确，波长 $\lambda_0 = 1\,270\,\text{nm}$ 通常被称为"零材料色散波长"。正是因为在此波长下材料色散如此低，光通信系统将工作波长移到了 $\lambda_0 = 1\,300\,\text{nm}$ 附近。

现在使用的光通信系统采用了 $\lambda_0 \approx 1\,550\,\text{nm}$、谱宽为大约 2 nm 的 LD（激光二极管）。在这个波长下，材料色散系数为 21.5 ps/（km·nm），材料色散 $\Delta\tau_m$ 约为 43 ps/km。

2.7.3 多模光纤的色散和位速度

在多模光纤中，总色散由模间色散（$\Delta\tau_i$）和材料色散（$\Delta\tau_m$）组成，并由下式求出：

$$\Delta\tau = \sqrt{(\Delta\tau_i)^2 + (\Delta\tau_m)^2} \qquad (2.60)$$

在一种广泛使用的"NRZ"（不归零）软件中，最大容许位速度由下式近似地算出：

$$B_{max} \approx \frac{0.7}{\Delta\tau} \qquad (2.61)$$

在约 1 310 nm 的波长下工作时，$\Delta\tau_m$ 最小。因此，几乎所有的多模光纤系统都在这个波长范围内以最佳折射率分布和极小的 $\Delta\tau_i$ 值工作着。

为举例说明，我们先来研究 $n_1 \approx 1.46$，$\Delta \approx 0.01$，具有谱宽为 20 nm 的 LED，并在 850 nm 波长下工作的抛物线型折射率多模光纤。对于这种光纤，射线色散（见2.7.1 节中的计算）约为 0.24 ns/km。如果光源为 $\Delta\lambda_0 = 20\,\text{nm}$ 的 LED，则通过利用表2.1 可求出材料色散 $\Delta\tau_m$ 为 1.7 ns/km。因此，总色散为

$$\Delta\tau = \sqrt{(\Delta\tau_i)^2 + (\Delta\tau_m)^2}$$
$$= \sqrt{0.24^2 + 1.7^2} = 1.72 \ (\text{ns/km})$$

通过利用式（2.61），可以得到大约 400（Mbit·km）/s 的最大位速度，因此在20 km 的链路中最大容许位速度为 20 Mbit/s。如果现在将工作波长移至 1 300 nm，并采用相同的抛物线型折射率光纤，那么就能看见射线色散仍然是 0.24 ns/km，而材料色散（对于 $\Delta\lambda_0 = 20\,\text{nm}$ 的 LED）变成了 0.05 ns/km。现在，与射线色散相比，材料色散可忽略不计。因此，总色散和最大位速度分别为

$$\Delta\tau = \sqrt{0.24^2 + 0.05^2} \approx 0.25 \ (\text{ns/km})$$
$$B_{max} \approx 2.8 \ (\text{Gbit·km/s})$$

在所探讨的例子中，最大位速度是通过只考虑光纤来估算的。而在实际链路中，还必须考虑光源和检波器的时间响应。

在 1977 年左右，我们获得了第一代光通信系统。该系统采用了渐变折射率多模光纤，所使用的光源是在 850 nm 波长下工作的 LED；损耗约为 3 dB/km，中继站间距约为 10 km，位速度约为 45 Mbit/s。在 1981 年左右，我们拥有了第二代光通信

系统，采用的仍然是渐变折射率多模光纤，但在 1 300 nm 波长下工作（因此材料色散很小），位速度也几乎相同（约为 45 Mbit/s），但由于损耗约为 1 dB/km，色散也减小了，因此中继站间距增加至约 30 km。

2.7.4 单模光纤中的色散

就单模光纤而论，波模的有效折射率 n_{eff}（$\equiv \beta / k_0$）取决于纤芯和包层的折射率以及波导参数（各区域的折射率分布和半径）。实际上，总色散为

$$\Delta \tau_{\text{总}} = -\frac{L \Delta \lambda_0}{\lambda_0 c} \left(\lambda_0^2 \frac{\mathrm{d}^2 n_{\text{eff}}}{\mathrm{d} \lambda_0^2} \right) \tag{2.62}$$

现在，n_{eff} 将随波长而变化，即使纤芯和包层的介质被假定为无色散（即纤芯和包层的折射率被假定为与波长无关）时也如此。有效折射率与波长之间的相关性是由波导机制造成的，导致产生所谓的"波导色散"。波导色散可通过一个事实来说明，即波模的有效折射率取决于在特定波长下纤芯功率与包层功率之分数的比值。随着波长的变化，这个分数值也会变化。因此，即使纤芯和包层的折射率被假定为与波长无关，有效折射率也会随波长而改变。$n_{\text{eff}}(\lambda_0)$ 与 λ_0 之间的这种明确相关性导致产生波导色散。

归一化传播常数 b 只与 V 有关。假设 $\Delta \leqslant 1$，则得到

$$b = \frac{n_{\text{eff}}^2 - n_2^2}{n_1^2 - n_2^2} \approx \frac{n_{\text{eff}} - n_2}{n_1 - n_2}$$

因此

$$\frac{\beta}{k_0} (= n_{\text{eff}}) \approx n_2 + b(n_1 - n_2)$$

通过求上述方程相对于波长的微分，并忽略波长与 $(n_1 - n_2)$ 之间的相关性，则可得到

$$D_{\text{T}} = D_{\text{m}} + D_{\text{w}}$$

式中，

$$D_{\text{w}} = -\frac{n_2 \Delta}{c \lambda_0} \left(V \frac{\mathrm{d}^2 (bV)}{\mathrm{d} V^2} \right) \tag{2.63}$$

阶跃折射率光纤中波导色散的简单经验表达式为

$$D_{\text{w}} = -\frac{n_2 \Delta}{3 \lambda_0} \times 10^7 [0.080 + 0.549(2.834 - V)^2] \text{ ps/(km} \cdot \text{nm)} \quad (1.3 \leqslant V \leqslant 2.2) \tag{2.64}$$

式中，λ_0 的测量单位为 nm。

因此，单模光纤中的总色散由两类色散组成，即材料色散和波导色散。的确，可以看到，由材料色散系数（D_{m}）和波导色散系数（D_{w}）之和可得到精确的总色散系数 D_{T}[2.13]。

在单模机制中，式（2.63）中括号里的量通常为正，因此波导色散为负。由于材料色散的符号取决于工作波长的范围，因此这两种效应——材料色散和波导色散——会在某个波长下互相抵消（见图2.9）。这个波长是单模光纤的一个很重要的参数，被称为"零色散波长"（λ_{ZD}）。对于典型的阶跃折射率光纤来说，零色散波长在 1 310 nm 的波长窗口内。由于光纤中的最低损耗在 1 550 nm 波长下出现，而且能获得在 1 550 nm 波长窗口内的光学放大器，因此可以修改光纤设计，将零色散波长移至 1 550 nm 的波长窗口。这样的光纤被称为"色散位移光纤"（在大约 1 550 nm 的波长下为零色散）或"非零色散位移光纤"（在大约 1 550 nm 的波长下具有有限但很小的色散）。通过利用合适的光纤折射率分布设计，还有可能获得平坦的色散谱，从而得到色散平坦设计。图 2.9 给出了标准 SMF（在接近 1 310 nm 时为零色散）的色散谱变化。而图 2.10 显示了在三种标准光纤中的总色散，这三种光纤就是 G.652 光纤、G.653 光纤和 G.655 光纤，又叫作"传统单模光纤""色散位移光纤"（DSF）和"非零色散位移光纤"（NZ－DSF）。在约 1 550 nm 的波长下，G.655 光纤具有很小但有限的色散。之所以需要这么小的色散，是为了避免四波混频。

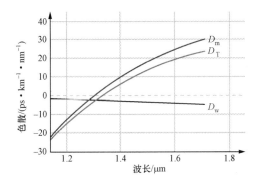

图 2.9　在标准单模光纤中材料色散（D_m）、波导色散（D_w）和总色散（D_T）随波长的变化

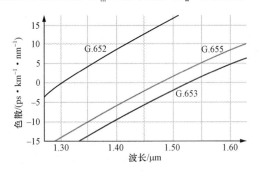

图 2.10　三种标准单模光纤的总色散变化

当光纤在零色散波长下工作时，脉冲看起来根本不会发生色散。实际上，零色散只意味着不存在二阶色散效应。在这种情况下，下一高阶的色散，即以 $d^3\beta/d\omega^3$ 为特征的三阶色散将成为求解色散时的主要项。因此，在没有二阶色散的情况下，

可以将脉冲受到的色散写成

$$\Delta\tau = \frac{L(\Delta\lambda_0)^2}{2}\frac{\mathrm{d}D}{\mathrm{d}\lambda_0} \quad (2.65)$$

其中，$S=\mathrm{d}D/\mathrm{d}\lambda_0$ 代表在零色散波长下的色散斜率，并以 $\mathrm{ps}/(\mathrm{km}\cdot\mathrm{nm}^2)$ 为测量单位。当工作波长接近零色散波长时，三阶色散将变得很重要。在只有三阶色散的情况下，脉冲不会保持对称。表 2.2 列出了在 1 550 nm 波长下一些标准光纤的 D 值和 S 值。

表 2.2 在 1 550 nm 波长下一些标准光纤的色散值和
色散斜率值（根据文献 [2.14]）

光纤类型	$D/(\mathrm{ps}\cdot\mathrm{km}^{-1}\cdot\mathrm{nm}^{-1})$	$S/(\mathrm{ps}\cdot\mathrm{km}^{-1}\cdot\mathrm{nm}^{-2})$
标准 SMF 光纤（G.652）	17	0.058
LEAF 光纤（康宁）	4.2	0.085
真波低斜率光纤（OFS）	4.5	0.045
特锐光纤（阿尔卡特）	8.0	0.057

2.7.5 单模光纤中的色散和最大位速度

在采用了光脉冲的数字通信系统中，脉冲展宽会导致相邻脉冲重叠，从而造成码间干扰及检波误差。除此之外，由于脉冲能量在时隙内降低，因此相应的信噪比（SNR）会减小。这一点可通过增加脉冲功率来弥补。这种额外的功率需求叫作"色散功率代价"。色散增加，意味着功率代价就更高。

为了让邻位干扰低于规定的水平，色散脉冲的均方根宽度应低于位周期的某一部分 ε。对于 2 dB 的功率代价，$\varepsilon\approx0.491$[2.15]。通过利用这个条件，可以估算出在 1 550 nm 的工作波长下当链路长度 L 和色散系数 D 已知时的最大位速度 B 为

$$B^2DL < 1.9\times10^5\,\mathrm{Gbit}^2\cdot\mathrm{ps/nm} \quad (2.66)$$

式中，B 的测量单位为 Gbit/s，D 的单位为 $\mathrm{ps}/(\mathrm{km}\cdot\mathrm{nm})$，$L$ 的单位为 km。因此，当位速度为 2.5 Gbit/s 时，最大容许色散（DL）约为 30 400 ps/nm；而当位速度为 10 Gbit/s 时，最大容许色散为 1 900 ps/nm。

2.7.6 色散补偿光纤

目前地下管道中有数百万千米长的传统单模光纤在 1 310 nm 的波长下工作着，这些光纤在工作波长下的色散极低。通过在 1 550 nm 的波长下（此时损耗极小）使用这些光纤，可以大大提高这些系统的信息传输能力。此外，在这个波长范围内还有一个优势，那就是可以利用 EDFA（掺铒光纤放大器）进行光学放大。但如果在 1 550 nm 的波长下使用传统的单模光纤，将得到大约 17 ps/(km·nm)的显著残余色散。这样大的色散将会导致通信系统的信息传输能力明显降低。但另一方面，用低色散光纤替代现有的传统单模光纤会带来庞大的费用。就这点而论，最近几年人们

已经做了大量的工作，将已安装的 1 310 nm 优化光纤链路升级为在 1 550 nm 波长下运行。这是通过开发具有极大负色散系数的光纤来实现的——仅用几百米到 1 km 的此类光纤就能补偿在数十千米长的光纤链路中累积的色散。

通过修改折射率分布，我们可以改变波导色散，从而使总色散发生改变。实际上，制造出色散系数（D）很大且在 1 550 nm 波长下为负值的特种光纤是可能的。这些类型的光纤叫作"色散补偿光纤"（DCF）。我们可以将一段长度较短的 DCF 与 1 310 nm 优化光纤链路结合使用，以便在链路末端得到极小的总色散值。具有优化的折射率分布和极大的负色散系数而且用一小段就能补偿整个链路中的累积色散——这样的光纤设计有很多种。一些重要的此类光纤包括凹陷包层设计、W 型光纤设计、双纤芯共轴设计等[2.16~2.19]。

如果 $D_T(\lambda_n)$ 和 L_T 代表传输光纤的色散系数和长度，$D_C(\lambda_n)$ 和 L_C 代表 DCF 的色散系数和长度，那么为了在选定波长 λ_n 下得到零净色散，必须令

$$D_T(\lambda_n)L_T + D_C(\lambda_n)L_C = 0 \qquad (2.67)$$

因此，当 $D_T(\lambda_n)$、L_T 和 $D_C(\lambda_n)$ 的值已知时，所需要的 DCF 长度可由式（2.67）求出，而且 $D_C(\lambda_n)$ 和 $D_T(\lambda_n)$ 应当符号相反。另外，$D_C(\lambda_n)$ 的值越大，所需要的 DCF 长度就越小。由于链路光纤和色散补偿光纤的波长 – 色散关系通常都不同，因此总的来说，仅在设计波长下 DCF 才会补偿色散。但在波分多路复用系统中，必须同时补偿所有波长通道中的累积色散。为了实现这一点，必须令

$$\frac{1}{D_T(\lambda_n)}\frac{dD_T(\lambda)}{d\lambda}\bigg|_{\lambda=\lambda_n} = \frac{1}{D_C(\lambda_n)}\frac{dD_C(\lambda)}{d\lambda}\bigg|_{\lambda=\lambda_n} \qquad (2.68)$$

这意味着在波长 λ_n 下被评估的两种光纤必须具有相同的相对色散斜率（RDS），即色散斜率（S）与色散系数（D）之比。一般来说，G.652 光纤的 RDS 约为 0.003 4 nm^{-1}，而康宁公司的大有效面积光纤（LEAF）的 RDS 约为 0.020 2 nm^{-1}。具有类似 RDS 值的 DCF 已能在市场上买到。

2.7.7　偏振模色散（PMD）

正圆形单模光纤实际上能支持两个具有相同传播常数的正交偏振模。当沿着完美直线路径铺设这种光纤时，光纤的两个正交偏振基模将具有相同的群速，入纤的脉冲将只发生材料色散和波导色散效应。但在实际光纤中，纤芯总是有很小的椭圆度，或光纤中的应变不对称，或当光纤沿链路铺设时出现弯曲和扭曲，这些现象导致两个正交偏振模之间存在速度差。这个速度差导致出现偏振模色散（PMD）现象。PMD 效应相当于光纤支持着两个具有不同速度的偏振模；因此，以某种任意偏振态入纤的脉冲将因为两种不同速度的存在而分成两个脉冲。从局部来看，PMD 是由两个偏振模的速度差造成的；而从全局来看，PMD 将与光纤长度方向上的随机偏振耦合相结合。由于光纤性质以及外部扰动在光纤长度方向上是随机的，因此这种效应是一种随机现象。由于 PMD 具有随机性质，因此 PMD 效应会随着光纤长度的平方

根（而不是光纤长度）的增加而增加。PMD 通常按两个偏振模之间的微分群时延（DGD）量来测定。为了确保 PMD 不会造成位出错率增加，DGD 应当小于位周期的 10%。因此，对于由持续时间为 400 ps 的脉冲组成的 2.5 Gbit/s 系统来说，最大容许 PMD 为 40 ps；而对于 40 Gbit/s 系统来说，最大容许 PMD 只有 2.5 ps。如果光纤的 PMD 为 0.5 ps/$km^{\frac{1}{2}}$，那么对于 40 Gbit/s 链路来说，由 PMD 效应导致的最大光纤长度将是 25 km。因此，对于在大于或等于 40 Gbit/s 的较高位速率下工作的系统来说，PMD 效应变得极其重要。在市场上能买到的单模光纤的 PMD 通常小于 0.2 ps/$km^{\frac{1}{2}}$。在实际的系统中，链路中采用的其他部件——例如光学放大器、色散补偿元件等——也会导致 PMD。

|2.8 光 纤 光 栅|

当对具有掺锗石英纤芯的光纤进行紫外线照射（波长约为 0.24 μm）时，掺锗区的折射率会增加，这是由 Kenneth Hill 在 1974 年发现的"光敏性"现象造成的。在纤芯中，折射率会增至 0.001。如果将光纤置于一对紫外干涉光束中，则在相长干涉区，折射率会增加，在相消干涉区则不会有变化。这会导致在纤芯内部的长度方向上出现折射率周期性变化，叫作"光纤布拉格光栅"（FBG）。通过恰当地选择干涉光束之间的夹角，可以对光栅周期进行控制。

由纤芯长度方向上的折射率周期性调制组成的光纤光栅具有很有趣的光谱特性，并且正广泛应用于光纤通信和传感中。光纤光栅主要有两类，即 FBG 和长周期光栅（LPG）。FBG 将来自正向传播导模的光耦合到光纤内部的反向传播导模中，而 LPG 将来自一个导模的光耦合到另一个导模，或耦合到沿着相同方向传播的包层模中。前者相当于反向耦合，而后者相当于同向耦合。当在大约 1 550 nm 的波长窗口中工作时，FBG 的周期约为 0.5 μm，而 LPG 的周期为几百微米。

2.8.1 光纤布拉格光栅

如果考虑在单模光纤的纤芯内部具有周期 Λ 的正弦折射率调制，则当导模经过此光栅时，在满足下列布拉格条件的情况下，正向传播模会与具有相同有效折射率的反向传播模强有力地耦合：

$$\lambda_B = 2\Lambda n_{eff} \tag{2.69}$$

式中，n_{eff} 是传播模的有效折射率；λ_B 是布拉格波长。在光纤内部的这种周期性折射率调制称为 FBG。因此，当宽带光或一组波长在 FBG 上入射时，只有与 λ_B 相对应的波长会被反射，其他波长则只是被传输到输出端（见图 2.11）。

1. 耦合模理论

其中一种用于分析 FBG 的标准方法是利用耦合模理论[2.6]。在这种理论中，与

任何一个 z 值相对应的总场都能写成两个相互作用模的叠加形式，由这个耦合过程可得到两个耦合模的 z 相关振幅。如果用 $A(z)$ 和 $B(z)$ 分别表示正向传播模和反向传播模（假设数量级相同）的振幅，那么就可以推导出下列耦合模方程，用于描述这两个耦合模的振幅随 z 的变化[2.6]：

$$\begin{cases} \dfrac{\mathrm{d}A}{\mathrm{d}z} = \kappa B \mathrm{e}^{\mathrm{i}\Gamma z} \\[2mm] \dfrac{\mathrm{d}B}{\mathrm{d}z} = \kappa A \mathrm{e}^{-\mathrm{i}\Gamma z} \end{cases} \tag{2.70}$$

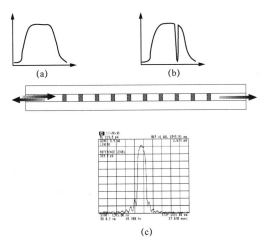

图 2.11 FBG 的入射谱、透射谱和反射谱

（a）入射谱；（b）透射谱；（c）反射谱（它是一个实际测量谱）

式中，$\Gamma = 2\beta - K$，其中 β 代表耦合模的传播常数，$K = 2\pi/\Lambda$ 代表光栅的空间频率，可利用下列折射率变化式来描述：

$$n_{\mathrm{g}}^2(x, y, z) = n^2(x, y) + \Delta n^2(x, y)\sin(Kz) \tag{2.71}$$

在式（2.70）中，κ 代表耦合系数，可定义为

$$\kappa = \frac{\omega \varepsilon_0}{8} \iint \psi^* \Delta n^2(x, y) \psi \mathrm{d}x\mathrm{d}y \tag{2.72}$$

式中，$\psi(x, y)$ 代表归一化横向模场分布。如果折射率的扰动仅在纤芯内才是恒定、有限的，那么将得到关于耦合系数的下列简单表达式：

$$\kappa \approx \frac{\pi \Delta n I}{\lambda_{\mathrm{B}}} \tag{2.73}$$

式中，根据模宽 w_0 的高斯近似计算，重叠积分 I[2.6]可得

$$\kappa \approx \frac{\pi \Delta n}{\lambda_{\mathrm{B}}} \left[1 - \mathrm{e}^{-(2a^2/w_0^2)} \right] \tag{2.74}$$

式中，a 是纤芯半径。如果假设在光栅的输入端 $z = 0$ 处只有正向传播模是入射光，

则边界条件为 $A(z=0)=1$ 和 $B(z=L)=0$，其中 L 是光栅长度。于是可得到关于光栅反射率的下列表达式：

$$R = \frac{\kappa^2 \sinh^2(\Omega L)}{\Omega^2 \cosh^2(\Omega L) + \frac{\Gamma^2}{4} \sinh^2(\Omega L)} \qquad (2.75)$$

式中，

$$\Omega^2 = \kappa^2 - \frac{\Gamma^2}{4} \qquad (2.76)$$

对于一组已知的参数，当 $\Gamma=0$（即 $2\beta=K$）时，意味着式（2.69）（即布拉格条件），此时反射系数达到最大值。在这种情况下，由式（2.75）给定的反射系数变成

$$R = \tanh^2 \kappa L \qquad (2.77)$$

因此，当 κL 增加时，光栅反射率会随之增加，并趋近于 1（见图 2.12）。

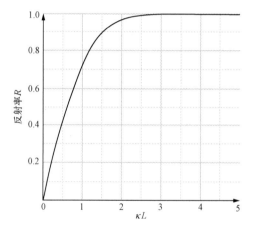

图 2.12　光纤布拉格光栅的反射率随 κL 的变化

如果 $\Gamma \neq 0$，那么将得到非相位匹配案例，反射率将小于由式（2.77）求出的值。因此，当满足布拉格条件时，会出现峰值反射率。

图 2.13 显示了当满足和不满足布拉格条件时，由 FBG 反射得到的矢量图。入射波和反射波的波矢量分别用 $+\boldsymbol{\beta}$ 和 $-\boldsymbol{\beta}$ 表示，光栅的波矢量则用空间频率向量 $\boldsymbol{K}$ 表示。由图中可看到，对于相位匹配相互作用，这三个矢量加起来等于 0。

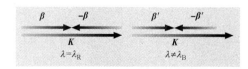

图 2.13　当满足和不满足布拉格条件时的反向耦合矢量图

图 2.14 显示了测量谱和模拟谱的对比结果（利用式（2.76））。在大约 1 550.9 nm

的波长下出现峰值反射率。可以看到，在布拉格波长下，反射率达到峰值，而在布拉格波长的两侧，反射率都下降，变得振荡。我们可以根据光栅参数，将光栅的光谱带宽定义为[2.6]

$$\Delta\lambda \approx \frac{\lambda_B^2}{n_{\text{eff}} L}\left(1+\frac{\kappa^2 L^2}{\pi^2}\right)^{1/2} \qquad (2.78)$$

由式（2.77）和式（2.78）还可以推断出，通过适当地选择峰值折射率调制和光栅长度，可以设计出具有相同峰值反射率但不同带宽的光栅。峰值反射率已知，意味着 κL（比如 ΔnL）值已知。通过减小或增加光栅长度而保持 ΔnL 乘积不变，带宽可增加或减小。通过测量反射率谱（峰值反射波长、峰值反射率和带宽），还有可能推导出光栅的特性（长度、光栅周期和折射率调制）。

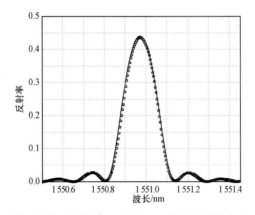

图 2.14　被 FBG 反射的光波的反射率谱（实线表示计算出的反射率谱（利用式（2.76）），开口圆表示由加尔各答玻璃和陶瓷研究所（CGCRI）制造的 FBG 的实验测量值（图片经由加尔各答 CGCRI 的 S. Bhadra 博士和 S. Bandyopadhyay 博士提供））

2. FBG 的一些用途

光纤布拉格光栅有很多用途，包括在光分插复用器和光纤光栅传感器中用于为激光二极管波长锁定、色散补偿等功能提供外部反馈。在这里，我们将探讨啁啾 FBG 在色散补偿和传感器中的应用。

1）色散补偿

2.8 节中提到，当光脉冲在光纤链路中传播时，由于传播模的群速与波长有关，因此光脉冲会发生色散。对链路中的这种色散需要进行补偿——这可通过采用前面探讨的色散补偿光纤或借助啁啾 FBG 来实现。在啁啾 FBG 中，光栅周期会随着在光纤长度上的位置变化而变化，从而导致在光栅方向上出现布拉格波长变化（见图 2.15）。当光穿过此光栅时，在入射波中存在的不同波长分量会在光栅的不同位置处反射，这将得到在返回输入端时具有不同时延的不同波长分量。通过利用合适的啁啾 FBG，可以在光穿过光纤链路时真正补偿不同波长的累积差分延迟。

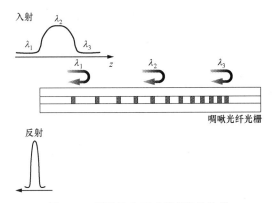

图 2.15　利用啁啾 FBG 进行色散补偿

现在研究当光脉冲的工作波长大于光纤的零色散波长时，光脉冲在光纤中的传播情况。这种情况相当于让 G.652 光纤在 1 550 nm 的波长下工作（在 1 310 nm 时为零色散）。因此，如果考虑在脉冲内包含的三个波长分量（$\lambda_1 > \lambda_2 > \lambda_3$），那么会看到，由于光纤中存在色散，当光脉冲在光纤中传播时，波长 λ_1 的时延大于波长 λ_2 的时延，而 λ_2 的时延大于 λ_3 的时延。为了补偿这种色散，需要让波长分量 λ_3 的时延大于分量 λ_2 的时延，而让分量 λ_2 的时延大于分量 λ_1 的时延。为了达到此目的，啁啾光栅应设计成让波长 λ_1 从光栅的近端反射，λ_2 从稍远的部分反射，而 λ_3 从远端反射，以便补偿所有波长分量之间的差分延迟，从而实现色散补偿。

我们来研究具有如下线性可变空间频率的线性啁啾 FBG：

$$K(z) = K_0 + \frac{Fz}{L_g^2} \qquad (2.79)$$

式中，K_0 是当 $z = 0$（光栅的输入位置）时的光栅空间频率；L_g 是光栅长度；F 是啁啾参数。如果 Λ_f 和 Λ_b 代表当 $z = 0$（前）和 $z = L_g$（后）时 FBG 的空间周期，则在 $z = 0$ 和 $z = L_g$ 时发生反射的波长可通过下式近似地算出：

$$\lambda_f = 2n_{\text{eff}} \Lambda_f ; \quad \lambda_b = 2n_{\text{eff}} \Lambda_b \qquad (2.80)$$

其中，忽略了波长与 n_{eff} 的相关性。因此，根据式（2.79），可以写出

$$\frac{1}{\Lambda_b} - \frac{1}{\Lambda_f} = \frac{F}{2\pi L_g} \approx \frac{2n_{\text{eff}} \Delta\lambda}{\lambda_a^2}$$

式中，$\Delta\lambda = \lambda_b - \lambda_f$ 代表啁啾光栅的带宽，$\lambda_a = (\lambda_f + \lambda_b)/2$ 代表平均波长。啁啾 FBG 工作时的带宽由下式求出：

$$\Delta\lambda = \frac{F\lambda_a^2}{4\pi n_{\text{eff}} L_g} \qquad (2.81)$$

从光栅前端反射的波长 λ_f 和从光栅远端反射的波长 λ_b 之间的时延为

$$\Delta\tau = \frac{2L_g}{c / n_{\text{eff}}} = \frac{2n_{\text{eff}} L_g}{c} \qquad (2.82)$$

这个 $\Delta\tau$ 是在波长范围 $\Delta\lambda$ 内出现的，因此由光栅造成的色散为

$$\frac{\mathrm{d}\tau}{\mathrm{d}\lambda} = \frac{8\pi n_{\mathrm{eff}}^2}{c\lambda_a^2}\frac{L_g^2}{F} \qquad (2.83)$$

请注意，在图 2.15 所示的情况下，当光从光栅反射回来时，波长越长，时延就越短，因此这是正常色散。如果光纤的工作波长大于零色散波长，那么这样的正常色散就可以补偿光纤的反常色散。如果我们来研究色散系数为 D、长度为 L_f 的链路光纤，则链路中累积的色散将是 DL_f。为了补偿这种累积色散，要求

$$DL_f = -\frac{8\pi n_{\mathrm{eff}}^2}{c\lambda_a^2}\frac{L_g^2}{F} \qquad (2.84)$$

色散补偿发生时的光谱带宽将由式（2.81）求出。

为举例说明，我们来研究长度为 11 cm，具有啁啾参数 $F = 640$ 且在 1 550 nm 的平均波长下工作的啁啾光栅。如果光纤模的有效折射率为 1.45，则利用式（2.81）和式（2.83），可以得到在 0.61 nm 带宽下工作时该光栅的色散为 1 380 ps/nm。此光栅能补偿在色散系数为 17 ps/（km·nm）、长度为 81 km、带宽为 0.61 nm（大致相当于 76 GHz 的频率带宽）的光纤上累积的色散。值得一提的是，11 cm 长的光栅的前端和后端之间的周期差只有大约 0.25 nm，而光栅的平均周期为大约 0.534 μm。

为了在更大的带宽上获得色散补偿，我们建议在同一段光纤上采用多个啁啾光栅。啁啾色散补偿光栅已能在市场上买到，可用于补偿在长达 80 km 的 G.652 光纤上累积的色散，从而得到多达 32 个波长通道。与色散补偿光纤不同的是，啁啾 FBG 可能会扭曲所需要的色散补偿，尤其是对可用色散裕度相当小的 40 Gbit/ps 系统来说。另外，我们看到，通过利用非线性啁啾 FBG，可以获得 $-200 \sim -1\,200$ ps 的延迟变化范围[2.20]。

2）传感

FBG 在用作机械应变传感器、温度传感器、加速度传感器等方面有很大的应用潜力。由于布拉格波长取决于光纤的折射率以及光栅周期，因此可使其中任何一个因素发生变化的外部参数将会导致反射波长的变化。因此，通过测量反射波长的变化，就可探测到对光栅有影响的外部扰动。这就是 FBG 在传感领域中应用的基本原理。

对于布拉格波长的变化，由于温度变化量为 ΔT、应变变化量为 $\Delta\varepsilon$，可以写出

$$\Delta\lambda_B = 2\Lambda\left(\frac{\partial n_{\mathrm{eff}}}{\partial T}\Delta T + \frac{\partial n_{\mathrm{eff}}}{\partial\varepsilon}\Delta\varepsilon\right) + 2n_{\mathrm{eff}}\left(\frac{\partial\Lambda}{\partial T}\Delta T + \frac{\partial\Lambda}{\partial\varepsilon}\Delta\varepsilon\right) \qquad (2.85)$$

FBG 在 1 550 nm 波长下的典型应变灵敏度约为 1.3 pm/με。FBG 的温度灵敏度约为 6 pm/℃。峰值波长的变化实际上很小，因此需要开发专门的技术来探测这些微小的变化。另外，还需要通过测量布拉格波长的变化来展开温度和应变的变化卷积，以实现精确传感。

FBG 传感器的其中一个重要属性是能够多路复用到单光纤中。具有不同布拉格

波长的 FBG 是在单模光纤长度上的不同点处制造的。从宽带光源发出的光被耦合到光纤中，不同波长下的光从各光栅上反射后由检波电路进行分析。FBG 的波长在选择时应保证不会相互重叠，并在光源的宽带内。通过测量各 FBG 的布拉格波长变化，可以单独测定在每个 FBG 位置处的应变变化或温度变化。在与 FBG 传感器有关的各种问题中，其中一个问题是区分由温度和应变带来的变化。目前，光纤传感技术正在快速发展，人们正在对 FBG 进行结构监测方面的测试。将来很有可能将 100 个传感器多路复用到单光纤上，从而产生巨大的结构监测能力。

2.8.2 长周期光栅

长周期光栅（LPG）是在光纤长度方向上的周期扰动，其周期大于 $100\,\mu m$，能在两个同向传播的纤芯导模之间或在同向传播的纤芯导模和包层模之间诱发耦合。由周期扰动诱发的耦合具有波长选择性，这些光栅起着与波长有关的损耗分量的作用（见图 2.16）。这使得光栅成为波长滤波器的有吸引力的候选光栅，专门用于掺铒光纤放大器（EDFA）、带阻滤波器、WDM 隔离滤波器的增益平坦化用途；光栅还可用作极化滤波元件、传感器等[2.21~2.23]。

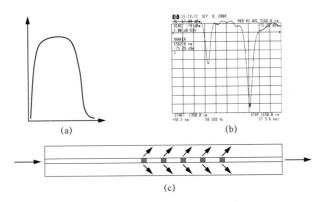

图 2.16　长周期光栅把光从纤芯模耦合到其他同向传播纤芯模或包层模，导致透射凹陷

（a）入射谱；（b）透镜谱；（c）透射凹陷

耦合模理论

LPG 相当于由式（2.71）给定的纤芯折射率的周期扰动。通过利用耦合模理论，可以获得在 $z=0$ 条件下只有纤芯模被激发时在纤芯和包层中余留的那部分功率的表达式，如下所示：

$$\begin{cases} P_{co} = 1 - \dfrac{\kappa^2}{\gamma^2}\sin^2\gamma z \\ P_{cl} = 1 - P_{co} \end{cases} \quad (2.86)$$

式中，耦合系数 κ 可定义为

$$\kappa = \frac{\omega \varepsilon_0}{8} \iint \psi_1(x, y) \Delta n^2 \psi_2(x, y) \mathrm{d}x \mathrm{d}y \tag{2.87}$$

式中，$\psi_1(x, y)$ 和 $\psi_2(x, y)$ 代表相互作用模的归一化场分布。在式（2.86）中，

$$\gamma = \sqrt{\kappa^2 + \frac{\Gamma^2}{4}} \tag{2.88}$$

式中，$\Gamma = \beta_1 - \beta_2 - K$，其中 β_1 和 β_2 是两个相互作用模的传播常数，K 代表光栅的空间频率。

从式（2.86）中可以看到，与 FBG 的情况不同的是，纤芯模和包层模之间的能量交换随着距离呈周期性变化。如果 $\Gamma = 0$ 且满足下列条件，则可能将能量从导模完全转移到包层模：

$$\beta_{\mathrm{co}} = \beta_{\mathrm{cl}} + K \tag{2.89}$$

如果 $n_{\mathrm{eff}}^{\mathrm{co}}$ 和 $n_{\mathrm{eff}}^{\mathrm{cl}}$ 分别代表相互作用纤芯模和包层模的有效折射率，则根据式（2.89）可以得到所需要的 LPG 周期：

$$\Lambda = \frac{\lambda_0}{n_{\mathrm{eff}}^{\mathrm{co}} - n_{\mathrm{eff}}^{\mathrm{cl}}} \tag{2.90}$$

纤芯模和包层模之间的典型有效折射率差值近似等于纤芯和包层之间的折射率差值，后者对于典型的远程通信光纤来说约为 0.003。因此，对于在 1 550 nm 波长下工作的 LPG 来说，所需要的光栅周期约为 520 μm，远远大于 FBG 的光栅周期。

如果达不到式（2.90）给定的周期，则能量交换的效率将比较低。图 2.17 显示了与传播常数为 β_{co} 的纤芯模和传播常数为 β_{cl} 且在相同方向上传播的包层模之间的相位匹配相互作用相对应的矢量图。

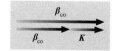

图 2.17　利用长周期光栅进行同向耦合时的矢量图

图 2.18 显示了利用光纤熔接机制造的 LPG 的测量透射谱和模拟透射谱对比[2.24]。可以看到，透射谱中的多个凹陷是由 LP_{01} 导模与各包层模之间的耦合造成的。需要注意的是，如果扰动在方位上是对称的，则 LP_{01} 纤芯模将只能耦合到 LP_{0m} 包层模上。

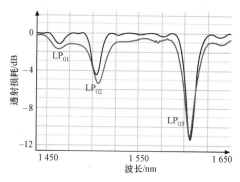

图 2.18　长周期光栅的透射谱（实线代表模拟的透射谱，虚线代表通过实验测量的透射谱）

LPG 有很多用途。增益平坦滤波器（EDFA）的增益谱变化不是平坦的，这给 EDFA 在 DWDM 光纤通信系统中的应用带来了麻烦。由于 LPG 会诱发与光谱有关的损耗，因此 LPG 被用作掺铒光纤放大器的增益平坦滤波器（EDFA）[2.23]。通过设计出在期望波长下（对于 EDFA，约为 1 532 nm）具有期望损耗的 LPG，可以使 EDFA 的增益平坦化。LPG 还广泛应用于传感器，因为它们对温度和应变更加敏感。通过将 LPG 和 FBG 相结合，就有可能设计出能区分应变和温度的传感器。

| 2.9 光纤耦合器 |

同轴光纤元件是通信、传感、信号处理等各种应用领域中的重要装置。这些元件正用于执行各种功能，例如多路复用和多路分用、波长滤波、光分插多路复用、各种光纤输出端之间的功率分配、不同波长的组合等。2.8 节中探讨的光纤布拉格光栅和长周期光栅是其中最重要的元件。在本节，我们将探讨另一个很重要的元件，即在功率分配、波长多路复用和多路分用等领域中应用的光纤耦合器。

在光纤通信系统中，常常需要从信号中分出少量的功率。可能还需要将信号分成两个（或更多个）部分，使同一信号能到达两个（或更多个）目的地。所有这些都可利用耦合器来实现。耦合器实质上是一个光纤分束器，是最重要的同轴光纤元件之一。图 2.19 所示为典型光纤定向耦合器的示意图。此装置的基本工作原理是：虽然光被限制在纤芯方向传播，但仍有一小部分光延伸到纤芯–包层界面外——当然是和纤芯内部的光一起以相同的速度传播。因此，当两根纤芯在横向上相互靠得足够近（间距约为 1 μm）时，功率会周期性地从一根光纤交换至另一根光纤（见图 2.19）。从两个输出端传出的那部分功率取决于相互作用区的长度 L。

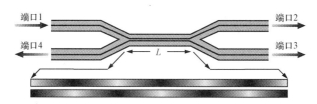

图 2.19　定向耦合器（由两根紧靠的光纤组成，因此使光通过光纤的瞬逝场从一根光纤耦合到另一根光纤上。如果两根光纤的传播常数相同，则可实现完全功率交换）

如果在耦合器输入端将功率引入其中一个光纤输入端，则在任意 z 值（距输入端的传播距离）时在每根光纤中传播的功率为[2.6]

$$P_1(z) = P_1(0)\left(1 - \frac{\kappa^2}{\gamma^2}\sin^2\gamma z\right) \tag{2.91}$$

且

$$P_2(z) = P_1(0) \frac{\kappa^2}{\gamma^2} \sin^2 \gamma z \qquad (2.92)$$

式中，

$$\gamma^2 = \kappa^2 + \frac{(\Delta\beta)^2}{4} \qquad (2.93)$$

$$\Delta\beta = \beta_1 - \beta_2 \qquad (2.94)$$

β_1 和 β_2 代表两根光纤的模的传播常数，κ 代表耦合常数，用于测量这两根光纤之间的相互作用强度。κ 取决于光纤参数、纤芯之间的间距以及工作波长。

通过利用阶跃折射率光纤的 LP_{01} 模场，就有可能针对由两根相同光纤组成的耦合器，获得 κ 的下列近似表达式[2.25]：

$$\kappa = \frac{\lambda_0}{2\pi n_1} \frac{U^2}{a^2 V^2} \frac{K_0(Wd/a)}{K_1^2(W)} \qquad (2.95)$$

式中，λ_0 是自由空间波长；n_1 和 n_2 分别是纤芯和包层的折射率；a 是纤芯半径；d 是光纤轴线之间的间隔；$K_n(x)$ 是第 n 阶修正贝塞尔函数；U、W 和 V 的定义见式（2.14）和式（2.15）。

如果这两根光纤的传播常数不相等，即 $\Delta\beta = \beta_1 - \beta_2 \neq 0$，则根据式（2.91），可以看到这两根光纤之间的功率交换是不完全的。从一根光纤转移到另一根光纤上的最大功率取决于 $\Delta\beta/\kappa$ 的值，这个量的值越大，所转移的功率就越少。

如果这两根光纤的模的传播常数相同，则 $\Delta\beta = 0$，这两根光纤之间能实现完全功率交换。完全功率转移所需要的光纤长度叫作"耦合长度"，可由下式求出：

$$L_c = \frac{\pi}{2\kappa} \qquad (2.96)$$

相互作用越强，意味着 κ 值越大，耦合长度越短。由于 κ 值取决于工作波长，因此耦合长度还与工作波长有关。

根据耦合器长度的不同，我们有可能获得从耦合端口（端口 3）输出的任意一部分功率。因此，通过选择合适的耦合器长度，就有可能从两个端口获得相同的功率输出。这种耦合器被称为"3 dB 耦合器"。很多 3 dB 耦合器都能一个接一个地连接，从而将功率进一步分流到多个端口中。

光纤耦合器通常通过一些重要特性来规定。这些特性包括：

（1）耦合比，即耦合端口的功率与总输出功率之比：

$$R(\mathrm{dB}) = 10 \lg\left(\frac{P_3}{P_2 + P_3}\right) \qquad (2.97)$$

因此，对于 1 mW 的输入功率，如果总输出功率为 0.9 mW，耦合端口携带的功率为 0.1 mW，则耦合比约为 9.5 dB。

（2）额外损耗，即总输出功率和输入功率之间的功率差，通常用 dB 表示：

$$L_{ex}(\text{dB}) = 10\lg\left(\frac{P_1}{P_2 + P_3}\right) \tag{2.98}$$

因此，如果额外损耗为 1 dB，则意味着对于 1 mW 的输入功率，总输出功率（两个输出端口的功率之和）约为 0.79 mW；剩余的 0.21 mW 将会因为散射、吸收等原因而损失掉。

（3）插入损耗，即输入功率与耦合功率之比：

$$I(\text{dB}) = 10\lg\left(\frac{P_1}{P_3}\right) \tag{2.99}$$

（4）定向性，规定了在第二个输入端返回的功率，测量单位为 dB：

$$D(\text{dB}) = 10\lg\left(\frac{P_4}{P_1}\right) \tag{2.100}$$

如果对于 1 mW 的输入功率来说，其中的 0.01 μW 功率来自第二个输入端口，则这两种功率之比为 0.000 01，定向性为 −50 dB。

分光耦合器是指在耦合端口中出现的部分功率只占耦合器输入光的很小一部分的耦合器类型。因此，分走 1% 或 5% 光束的分光耦合器正在 EDFA 等很多用途中应用。

值得关注的是，定向耦合器正在功率分流、波分多路复用/多路分用、偏振分光、光纤传感等领域中广泛应用。

1. 功率分配器

光纤定向耦合器的其中一种最重要的用途是用作功率分配器。很多应用领域——例如局域网或光纤传感——都要求必须分束或进行光束组合。这种光纤定向耦合器是一种理想的元件，因为它体积小、损耗低。这种耦合器面临的其中一个重要问题是耦合器具有波长依赖性。波长平坦化耦合器的特征是在给定的波段下，例如 C 波段（1 530～1 565 nm），耦合比几乎保持恒定。如果要把功率分给很多个端口，则可将 3 dB 耦合器串联，将功率从一个输入端口分入多个端口。

2. 波分多路复用器/多路分用器

由于模场渗入包层的程度取决于波长，因此耦合过程与波长相关。因此，耦合器可能设计成当两种不同的波长从同一个耦合器端口入射时，其中一个波长从其中一个端口退出，而另一个波长则从另一个端口退出（见图 2.20）。这种耦合器用于两个波长的多路复用（组合）或多路分用（分离）。这些耦合器被称为"波分复用"（WDM）耦合器，在 EDFA 中用于将泵浦功率和信号功率结合起来，或者用于使两个间隔足够大的波长（如 1 310 nm 和 1 550 nm 的波长）分离。如果在反方向使用相同的耦合器,那么这两个波长将入射在耦合器上,并出现在同一端口(见图 2.20(b)),

从而形成一个波分多路复用器。

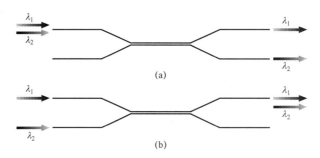

图 2.20   波分复用耦合器

（a）波分多路分用器；（b）基于光纤耦合器的波分多路复用器

| 2.10   掺铒光纤放大器（EDFA）|

在传统的长距离光纤通信系统中，损耗和色散的补偿通常是通过利用电子再生器来实现的。电子再生器首先将光信号变成电信号，然后在电域中处理电信号，再将电信号重新恢复为光信号。当系统因光功率不足（而非色散）而受到限制时，需要做的只是放大信号，而光学放大器能真正完成这项工作。光学放大器是在自身光域中就能放大入射光信号（而不需要转换至电域中）的装置。光学放大器真正彻底改变了长距离光纤通信。与电子再生器相比，光学放大器不需要任何高速电子电路，对位速度和位格式来说是透明的，而且最重要的是能够在不同的波长下同时放大多个光信号。因此，光学放大器利用波分复用（WDM）功能，引领了通信能力的巨幅增长态势。在 WDM 中，多个携带着独立信号的波长在同一根单模光纤中传播，从而使链路能力倍增。当然，与电子再生器相比，光学放大器也有一些缺点：光学放大器不能补偿在链路中累积的色散，还会给光信号增加噪声。稍后我们会看到，这种噪声导致串联的放大器数量达到最大，以使接收信号与噪声之比（信噪比）在规定的限制范围内。

光学放大器可在通信链路的很多节点上使用。升压放大器用于在功率被输入光纤链路之前提升发射机的功率。增加的发射机功率可用于在链路中传播更远的距离。前置放大器恰好位于接收器之前，用于增加接收器的灵敏度。同轴放大器在链路的中间节点使用，用于克服光纤传输损耗及其他损耗。光学放大器还可用于克服分束器的损耗，例如 CATV 分布损耗。

光学放大器主要有三类：EDFA、拉曼光纤放大器（RFA）和半导体光放大器（SOA）。如今，大多数的光纤通信系统采用了 EDFA，因为 EDFA 在带宽、大功率输出和噪声特性方面有优势。在很多课本中都有关于 EDFA 的详细探讨[2.26~2.28]。

EDFA 的光学放大基于受激发射过程，受激发射是激光器工作的基本原理。

图 2.21 显示了在二氧化硅基质中铒离子的三个最低能级。在 980 nm 波长下工作的泵浦激光器将铒离子从基态激发到 E_3 能级。E_3 能级是一个短寿命能级，这个能级的离子在经过不到 1 μs 的时间后会降到 E_2 能级。E_2 能级的寿命要长得多，大约为 12 ms。因此，被带到 E_2 能级的离子会在那里呆很长时间。因此，通过努力泵浦，E_2 能级中的离子数会超过 E_1 能级的离子数，从而在 E_1 能级和 E_2 能级之间实现粒子数反转。在这种情况下，如果频率为 $v_0 = (E_2 - E_1)/h$ 的光束落在铒离子群上，光束会被放大。对于铒离子来说，频率 v_0 属于 1 550 nm 波段，因此 EDFA 对于 1 550 nm 波长窗口里的信号来说是理想的放大器——1 550 nm 窗口是二氧化硅光纤的最低损耗窗口。当二氧化硅基质中掺有铒离子时，能级分布不陡，但由于铒离子要与二氧化硅基质中的其他离子相互作用，因此能级会加宽。因此，这个系统能够在一系列波长下放大光信号。

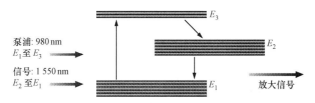

图 2.21　二氧化硅基质中铒的三个最低能级

令 N_1 和 N_2 分别代表基态能级和激发能级的单位体积内铒离子数量，令 $I_p(z)$ 和 $I_s(z)$ 代表在频率 v_p（假设在 980 nm 波长下）和 v_s 时的泵浦强度变化，并假设频率为 v_s 的信号在 1 550 nm 波长区内。当光束在光纤中传播时，泵浦波会诱发从 E_1 到 E_3 的光吸收，而信号波会诱发 E_2 能级和 E_1 能级之间的光吸收和受激发射。假设 E_3 能级的寿命很短，即 $N_3 \approx 0$，那么可以写出 E_2 能级的粒子数变化率[2.6]：

$$\frac{dN_2}{dt}\left(=-\frac{dN_1}{dt}\right) = -\frac{N_2}{t_{sp}} + \frac{\sigma_{pa}I_p}{hv_p}N_1 - (\sigma_{se}N_2 - \sigma_{sa}N_1)\frac{I_s}{hv_s} \qquad (2.101)$$

在这里，$\sigma_{pa}(\sigma_{sa})$ 和 σ_{se} 分别是在泵浦（信号）波长下的吸收截面和发射截面；t_{sp} 是 E_2 能级的自发寿命，下标 p 和 s 分别代表泵浦和信号。吸收截面和发射截面取决于频率、特定的离子以及指定离子的能级对。图 2.22 给出了在石英玻璃光纤中铒离子的典型吸收截面和发射截面[2.29]。

在式（2.101）中，符号右边第一项是自发发射，第二项是泵浦吸收，而第三项是信号跃迁。泵浦强度和信号强度随 z 的变化是由吸收和受激发射造成的，可分别用下面的式子来描述：

$$\begin{cases} \dfrac{dI_p}{dz} = -\sigma_{pa}N_1I_p \\[2mm] \dfrac{dI_s}{dz} = -(\sigma_{sa}N_1 - \sigma_{se}N_2)I_s \end{cases} \qquad (2.102)$$

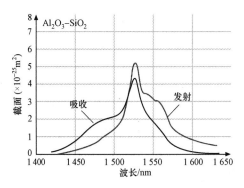

图 2.22　在二氧化硅基质中铒离子的吸收截面和发射截面（根据文献［2.29］）

就光纤而论，由于泵浦光束和信号光束以模的形式传播，因此应当从功率方面而不是从强度方面来描述放大功能。

如果假设在光纤的基横模中同时存在泵浦场和信号场，则能得到

$$\begin{cases} I_p(r,z) = P_p(z)f_p(r) \\ I_s(r,z) = P_s(z)f_s(r) \end{cases} \tag{2.103}$$

式中，$P_p(z)$ 和 $P_s(z)$ 分别代表在泵浦波长和信号波长下的 z 相关功率；$f_p(r)$ 和 $f_s(r)$ 分别代表在泵浦波和信号波中模强度分布的横向相关性。这些量可归一化为

$$\begin{cases} 2\pi\int_0^\infty f_p(r)r\mathrm{d}r = 1 \\ 2\pi\int_0^\infty f_s(r)r\mathrm{d}r = 1 \end{cases} \tag{2.104}$$

通过基于功率的强度表达式，根据式（2.102）得到

$$\begin{cases} \dfrac{\mathrm{d}P_p}{\mathrm{d}z} = -2\pi\sigma_{pa}P_p(z)\int_0^\infty f_p(r)N_1(r,z)r\mathrm{d}r \\ \dfrac{\mathrm{d}P_s}{\mathrm{d}z} = 2\pi P_s(z)\int_0^\infty f_s(r)(\sigma_{se}N_2 - \sigma_{sa}N_1)r\mathrm{d}r \end{cases} \tag{2.105}$$

方程（2.101）可在稳态下求解，以获得 N_1 和 N_2 与 r 和 z 之间的相关性；通过求解方程（2.105），能获得在信号波长和泵浦波长下在光纤长度方向上的功率变化。然后通过利用这些解，能得到放大器的增益及其与各种参数（如掺杂光纤的长度、泵浦功率、输入信号功率等）之间的相关性。在推导上述方程时，忽略了放大自发发射（ASE）；对于高增益放大器来说，在分析时需要引入 ASE 对增益特性的影响。

典型的 EDFA 由一块较短（长度约为 20 m）的掺铒光纤（EDF）组成，并通过 WDM 耦合器由 980 nm 泵浦激光器进行泵浦。WDM 耦合器将波长为 980 nm 和 1 550 nm 的光从两个不同的输入臂多路传输到一个输出臂。980 nm 的泵浦光被铒离子吸收，在 E_2 和 E_1 能级之间形成粒子数反转。因此，当在已发生粒子数反转的掺

杂光纤中传播时，1 550 nm 波长区内的入射信号会被放大。

图 2.23 显示了在不同的输入信号功率下测量的 EDFA 的典型增益谱。从图中可看到，在从 1 525 nm 到大约 1 565 nm 的整个 40 nm 波段内，EDFA 能提供大于 20 dB 的放大率。这个波段被称为"C 波段"（传统波段），是最常见的工作波段。我们还注意到，随着输入信号功率增加并显示信号饱和，增益会减小，而增益谱会变平坦。通过适当地优化放大器，EDFA 还能放大在 1 570～1 610 nm 波长范围内的信号，这个波段被称为"L 波段"（长波段）。通过利用新型掺杂光纤，可以用 EDFA 在 1 480～1 520 nm 的短波段内实现放大[2.30,2.31]。在这些设计中，C 波段需要被连续地滤出，以使 S 波段内的波长可利用粒子数反转进行放大。C 波段放大器和 L 波段放大器可一起用于同时放大 160 个波长通道。实际上，这些系统现在已能在市场上买到。

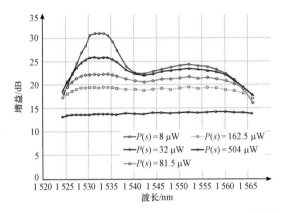

图 2.23　在不同输入信号功率级下测量的 EDFA 增益谱

从图 2.23 可以看到，虽然 EDFA 能在整个 40 nm 波段内提供增益，但当输入信号功率较低时，增益不是平坦的，亦即增益取决于信号波长。因此，如果将功率相同的多个波长信号输入放大器，那么这些信号的输出功率将各不相同。在采用了一系列放大器的通信系统中，每个放大器在不同信号波长（通道）之间的差分信号增益将会导致信号功率级的显著性差异，从而导致不同通道之间的显著信噪比（SNR）差异。事实上，对于放大器增益大于链路损耗的信号，信号通道的功率级会持续增大，而对于放大器增益小于链路损耗的信号，信号通道的功率会不断减小。前一种通道会最终使放大器饱和，还会导致链路中的非线性效应增加；而后一种通道会使 SNR 减小，从而导致检波误差增大。因此，在通信系统中，这种差分放大器不是可取的，而拥有增益平坦化放大器则显得很重要。具有合适的滤波特性、能补偿增益变化的波长滤波器可设计成使放大器增益变得平坦的形式。这些滤波器通常被放置在两个增益单元之间的放大器内，以优化增益效率和噪声特性。所用的滤波器为基于光纤布拉格光栅或长周期光栅的滤波器或薄膜滤波器。如今，我们已能获得优于 0.5 dB 的典型增益平坦度，市场上出售的 EDFA 都是增益平坦型的。另外，研究人员还演示了通过修改折射率分布使增益平坦化的其他方法。

EDFA 中的噪声

在 EDFA 中，铒离子的两个能级之间的粒子数反转将通过受激发射过程导致光学放大。占据着上能级的铒离子还能自发跃迁至基态能级，并发射光。所发出的光出现在铒离子的整个荧光发射带内，并沿着光纤的正向和反向进行传播。在光纤的任意一点上生成的一部分自发发射光被耦合到光纤的传播模内，而且在已发生粒子数反转的光纤内传播时还能像信号那样被放大。所得到的放射现象叫作"放大自发发射"（ASE）。这种 ASE 是使光学放大器内出现噪声的基本原理[2.27]。在不与信号重合的波长范围内出现的 ASE 可利用滤光器来过滤。另外，在信号波长范围内出现的 ASE 不能滤出，构成了由放大器发出的最低附加噪声。

如果 P_{in} 代表输入放大器中的信号输入功率（在频率 v 下），G 代表放大器的增益，则输出信号功率可由 GP_{in} 求出。在信号放大的同时，功率也会放大，即出现 ASE 功率。ASE 功率可用下式表示[2.27]：

$$P_{ASE} = 2n_{sp}(G-1)hvB_o \qquad (2.106)$$

式中，B_o 是 ASE 功率被测量时的光学带宽（必须至少等于信号的光学带宽），$n_{sp} = N_2/(N_2 - N_1)$。在这里，N_2 和 N_1 代表在光纤中铒的上/下放大器能级内的粒子数密度。n_{sp} 的最小值就是 $N_1 = 0$ 时的完全反转放大器状态，因此 $n_{sp} = 1$。当增益为 20 dB 时，在 0.1 nm 波段内的典型 ASE 功率约为 0.6 μW（= −32 dBm），相应的 ASE 噪声谱密度为 −22 dBm/nm。我们可以将光信噪比（OSNR）定义为输出光信号功率与 ASE 功率之比：

$$OSNR = \frac{P_{out}}{P_{ASE}} = \frac{GP_{in}}{2n_{sp}(G-1)hvB_o} \qquad (2.107)$$

式中，P_{in} 是输入放大器中的平均功率（是位流中峰值功率的大约一半，假设 1 和 0 的概率相等）。

在放大器链中，每个放大器都会添加噪声，因此在由多段光纤链路（带放大器）组成的光纤通信系统中，OSNR 会不断下降。当 OSNR 在链路上的某个点下降到低于特定值时，信号需要重新生成。因此，在链路上布置的放大器有最大数量限制。当超过这个数量时，信号就需要重新生成。对于由多段传输光纤和 EDFA（用于补偿每段光纤的损耗）组成的链路，OSNR 可由下式求出：

$$OSNR(dB) \approx P_{out}(dBm) - 10\lg(n) + 58 - F(dB) - 10\lg(N+1) - L_{sp}(dB) \qquad (2.108)$$

式中，P_{out} 是放大器的总输出功率，dBm；n 代表在链路中的波长通道数量；F 代表每个 EDFA（假设都相同）的噪声因数，见式（2.109）；N 代表放大器的数量；L_{sp} 代表每段光纤上的损耗。作为一个典型例子，我们来研究由具有下列规格的 EDFA 组成的链路：$P_{out} = 17$ dBm，$n = 32$，$F = 5$ dB，$L_{sp} = 20$ dB。如果要求在链路末端的 OSNR 为 22 dB，则通过式（2.108）可求出在链路中可使用的最大放大器数量大约为 18。如果放大器数量超过此数量，则 OSNR 将低于所要求的值 22 dB。因此，为了让信号在长度方向上继续行进，信号需要重新生成。另外，在式（2.108）中值得一提的是：为了在链路输出端获得相同的 OSNR，可通过减小每个放大器的噪声因数、增加放大器的输出功率或降低每段光纤上的损耗，使放大器链中的放大器数量增加。实际上，通过选择更小的光纤段损耗，放大器的数量可大大增加，从而使再生距离变得很大。因此，每段光纤的损耗减少 3 dB，就能使放大器的最大容许数量加倍（其他所有参数都相同）。当然，在这种情况下，必须采用更多的放大器。

上述探讨基于放大器的光信噪比。当检波器接收到放大的输出信号时，检波器将光信号转变成电流。所生成的电信号的噪声特性很重要。除光信号之外，信号带宽内的放大自发发射（光）也会投射到光电探测器上。但 ASE 噪声完全是随机的，里面不含有任何信息。光电探测器将接收到的总光功率转变为电流。在电流中，信号场和噪声场之间以及不同频率的噪声场之间会出现差拍。这些差拍会分别导致信号–自发差拍噪声和自发–自发差拍噪声。在正常情况下，信号–自发噪声项和信号散粒噪声项是重要的噪声项。假设放大器的输入信号受到散粒噪声的限制，那么就能根据散粒噪声项算出输出 SNR。放大器噪声因数被定义为输入电 SNR 与输出电 SNR 之比，它可由下式求出：

$$F = \frac{1 + 2n_{sp}(G-1)}{G} \tag{2.109}$$

因此，噪声因数取决于粒子数反转 n_{sp} 以及放大器增益 G。当增益较大时（$G \leqslant$ 1），噪声因数大约为 $2n_{sp}$。由于 n_{sp} 的最小值是 1，因此最小噪声因数为 2，或用分贝单位表示为 3 dB。

噪声因数是放大器的一个很重要的特征，它决定着放大链路的总体性能。市场上可买到的典型 EDFA 的噪声因数约为 5 dB。

| 2.11 拉曼光纤放大器（RFA）|

另一个很重要的光纤放大器是基于受激拉曼散射现象的拉曼光纤放大器（RFA）。RFA 的一个很有吸引力的特征是通过简单地选择合适的泵浦波长，RFA 能制成在任何波段下工作。另外，与 EDFA 相比，RFA 的带宽较大，噪声因数更低。除此之外，链路光纤自身也可用作放大器，因此当用光纤铺设在通信线路上时，信号会放大。这样的放大器被称为"分布式放大器"。

当让一束波长为 1 450 nm 的强光穿过一段长（≈10 km）光纤时，光束会受到玻璃光纤分子的拉曼散射，发出波长更高的散射光。图 2.24 显示了在 1 450 nm 光的泵浦作用下光纤的典型自发拉曼光谱。由图可以看到，散射光占据了很大的波段，散射峰值位于距泵浦波长大约 100 nm 远的地方。实际上，二氧化硅中的拉曼散射会导致 13～14 THz 的拉曼频移，相当于在 1 550 nm 波长下大约 100 nm 的波长位移。

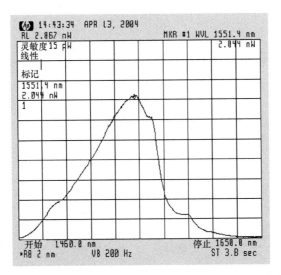

图 2.24 从在 1 450 nm 波长下被泵浦的 25 km 标准单模光纤中发出的自发拉曼散射光谱

如果除强泵浦光之外,还发射了一束弱光(称为"信号光束"),其波长在自发拉曼散射波段内,则将得到所谓的"受激拉曼散射"。在这种情况下,泵浦波长和信号波长通过拉曼散射过程实现相干耦合,散射光与入射信号相干,很像在激光器中出现的受激发射。研究人员利用这个过程来制造拉曼光纤放大器(见图 2.25)。由于自发拉曼散射光谱很宽,因此拉曼放大器的相应增益谱也很宽。拉曼放大器的另一个值得注意的特征是不管泵浦光的波长有多长,在与自发拉曼散射光谱相对应的波长范围内光纤都表现得像一个放大器。

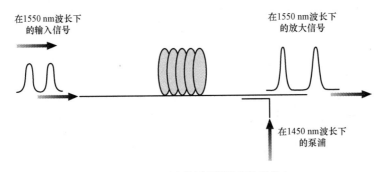

图 2.25 通过反向传播泵浦进行拉曼放大

文献 [2.32] 给出了传播方程,用于描述在光纤长度方向上反向泵浦拉曼放大器的信号功率(P_s)变化和泵浦功率(P_p)变化:

$$\begin{cases} \dfrac{\mathrm{d}P_s}{\mathrm{d}z} = \gamma_R P_p P_s - \alpha_s P_s \\ \dfrac{\mathrm{d}P_p}{\mathrm{d}z} = \dfrac{v_p}{v_s} \gamma_R P_p P_s + \alpha_p P_p \end{cases} \qquad (2.110)$$

式中，v_p 和 v_s 分别是泵浦频率和信号频率；γ_R 是拉曼增益效率，其定义如下：

$$\gamma_R = \frac{\iint g_R(v,r)\,\psi_p^2\psi_s^2 r\mathrm{d}r}{2\pi\iint \psi_p^2 r\mathrm{d}r \iint \psi_s^2 r\mathrm{d}r} \approx \frac{g_R(v)}{A_{\mathrm{eff}}} \tag{2.111}$$

式中，ψ_p 和 ψ_s 分别是泵浦模场和信号模场的横向变化；g_R 代表材料的拉曼增益系数；A_{eff} 是有效面积，其定义为

$$A_{\mathrm{eff}} = \frac{2\pi\iint \psi_p^2 r\mathrm{d}r \iint \psi_s^2 r\mathrm{d}r}{\iint \psi_p^2\psi_s^2 r\mathrm{d}r} \tag{2.112}$$

由于模场分布取决于光纤的折射率分布，因此对于不同的光纤，γ_R 值可能会迥然不同。例如，对于标准的 SMF，γ_R 为 $0.5\sim1\ \mathrm{W^{-1}\cdot km^{-1}}$；对于色散补偿光纤，$\gamma_R$ 为 $2.5\sim3\ \mathrm{W^{-1}\cdot km^{-1}}$；对于高度非线性的光纤，$\gamma_R$ 约为 $6.5\ \mathrm{W^{-1}\cdot km^{-1}}$。光子晶体光纤和有孔光纤有效模面积极小，因此能提供极大的拉曼增益。γ_R 值越大，受激拉曼散射就越强，可获得的相应增益就越大。图 2.26 显示了在光纤长度方向上反向泵浦拉曼放大器的典型泵浦功率变化和信号功率变化。

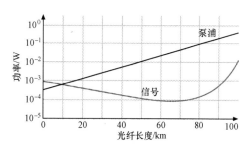

图 2.26　在光纤拉曼放大器长度方向上的
信号功率变化和泵浦功率变化

拉曼放大器像其他放大器那样，其放大信号中也伴有噪声，这种噪声是由光纤内发生的自发拉曼散射放大造成的。由于在很长的光纤上发生放大，因此还会产生由双瑞利散射（DRS）现象带来的附加噪声。正向传播的信号会受到瑞利散射，并在反向上产生功率。反向传播的信号会受到进一步的瑞利散射，并在正向上产生功率。这些信号还会通过相同的泵浦功率被放大，并构成 DRS 噪声。当增益变大时，这些噪声对于获得合理较大的泵浦功率和较长的相互作用长度来说很重要。除在反向上受到放大自发拉曼散射之外，光在正向上还会受到瑞利散射，瑞利散射也会产生噪声。

我们可以得到拉曼增益和自发发射噪声功率的近似表达式，如下所示：

$$G(\mathrm{dB}) = 10\lg\left(\frac{P_s(L)}{P_s(0)\mathrm{e}^{-\alpha_s L}}\right) \approx 4.34\frac{\gamma_R}{\alpha_p}P_p(L) \tag{2.113}$$

其中，最后一个近似表达式适用于当 $\alpha_p L \geqslant 1$ 时，

$$P_{\mathrm{sp}}(L) = 2hv\Delta v \times \left[\frac{4.34}{G}\exp\left(\frac{G}{4.34}\right) - \left(1 + \frac{4.34}{G}\right)\right] \tag{2.114}$$

在这里，G 决定着开关增益，也就是当拉曼泵浦打开时的输出功率与拉曼泵浦关掉时的输出功率之比。

在拉曼放大器中，泵浦光束会在与信号相同或相反的方向上传播。前一种情况

叫作"同向传播"(正向泵浦),后一种情况叫作"反向传播"(反向泵浦)。拉曼散射现象是一个以飞秒机制(10^{-15} s)为时标的极快过程。这会导致功率波动从泵浦波转移到信号波。一种能避免此现象的方法是提供反向泵浦(见图 2.25)。在反向泵浦中,由泵浦波动诱发的增益波动会最终得到平衡,从而使由泵浦波动造成的信号噪声低得多。

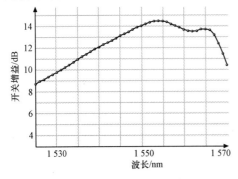

图 2.27 光纤拉曼放大器的典型开关增益谱

图 2.27 所示为反向泵浦拉曼光纤放大器测量的开关增益谱。与之相应的是,在 25 km 长的单模光纤上,当波长为 1 453 nm 时输入泵浦功率为 750 mW,输入信号功率为 0.14 mW。大于 12 dB 的开关增益可毫不费力地实现。

由于增益谱取决于泵浦波长,因此利用多个泵浦来得到较大的平坦增益事实上是可能的。因此,我们利用波长在 1 410～1 510 nm 的 12 个泵浦,证实了能得到 100 nm(1 520～1 620 nm,覆盖了 C 波段和 L 波段)的总平坦增益带宽。由于拉曼光纤放大器能在任何信号波长范围内工作,因此它们能够将光纤通信系统的工作波长区扩展到连 EDFA 都无法在其中工作的其他波段。除此之外,拉曼放大器还可以用来扩展光纤通信系统在 C 波段中的工作波长。通过在终端使用拉曼放大器,可以增加无中继长度。同理,当通信信道的位速度增加时,要让系统在无信号退化(在一定的位出错率内)的情况下工作,接收器需要获得更高的功率。在这种情况下,当发射器和接收器之间的距离不变时,可以利用通过让合适的泵浦波与信号波一起传播而实现的附加拉曼增益来提高传输位速度。

由于增益系数取决于光纤的有效面积,因此可以用正确的光纤设计,即增益谱与有效面积之间具有合适的相关性,来修改拉曼增益谱。因此,最近有人提出了新的光纤设计,仅利用一个泵浦就能提供平坦的拉曼增益[2.33,2.34]。读者若要好好回顾光纤拉曼放大器,则请参考文献 [2.32,2.35,2.36]。

| 2.12 光纤中的非线性效应 |

功率为 100 mW 的光束在有效模面积为 50 μm² 的光纤中传播时,相应的光强为 2×10^9 W/m²,在这样高的光强下,光纤中的非线性效应开始影响光束的传播,从而能够大大影响 WDM 光纤通信系统的能力[2.37]。对光纤通信系统有影响的最重要的非线性效应包括自相位调制(SPM)、交叉相位调制(XPM)和四波混频(FWM)。受激拉曼散射(SRS)和受激布里渊散射(SBS)也是重要的非线性现象。在前面我们看到了 SRS 可如何用于光学放大。在这一节,我们将主要探讨对光纤中的脉冲传播有影响的 SPM、XPM 和 FWM。

2.12.1 自相位调制（SPM）

光纤中存在的最低阶非线性是三阶非线性。因此，在光纤中产生的偏振由一个线性项和一个非线性项组成：

$$P = \varepsilon_0 \chi E + \varepsilon_0 \chi^{(3)} E^3 \tag{2.115}$$

式中，χ 和 $\chi^{(3)}$ 代表介质（二氧化硅）的线性极化率和三阶极化率；E 代表传播光波/脉冲的电场。

如果研究光以频率 ω 在 z 方向上的传播，而且传播常数为 k，则其电场为

$$E = E_0 \cos(\omega t - kz) \tag{2.116}$$

那么

$$P = \varepsilon_0 \chi E_0 \cos(\omega t - kz) + \varepsilon_0 \chi^{(3)} E_0^3 \cos^3(\omega t - kz) \tag{2.117}$$

通过用 $\cos\theta$ 和 $\cos3\theta$ 扩展 $\cos^3\theta$，得到在频率 ω 下的下列偏振表达式：

$$P = \varepsilon_0 \left(\chi + \frac{3}{4} \chi^{(3)} E_0^2 \right) E_0 \cos(\omega t - kz) \tag{2.118}$$

对于平面波，其光强为

$$I = \frac{1}{2} c \varepsilon_0 n_0 E_0^2 \tag{2.119}$$

式中，n_0 是介质在低光强下的折射率。因此

$$P = \varepsilon_0 \left(\chi + \frac{3}{2} \frac{\chi^{(3)}}{c \varepsilon_0 n_0} I \right) E \tag{2.120}$$

偏振 P 和电场之间的关系式为

$$P = \varepsilon_0 (n^2 - 1) E \tag{2.121}$$

式中，n 是介质的折射率。通过比较式（2.120）和式（2.121），得到

$$n^2 = n_0^2 + \frac{3}{2} \frac{\chi^{(3)}}{c \varepsilon_0 n_0} I \tag{2.122}$$

式中，

$$n_0^2 = 1 + \chi \tag{2.123}$$

由于式（2.123）中的最后一项通常很小，因此得到

$$n \approx n_0 + n_2 I \tag{2.124}$$

式中，

$$n_2 = \frac{3}{4} \frac{\chi^{(3)}}{c \varepsilon_0 n_0^2} \tag{2.125}$$

是非线性系数。因此，由式（2.124）能看出，介质的折射率与光强有关，系数 n_2

代表这种相关性的强烈程度。光强与折射率之间的这种相关性导致产生 SPM。

就光纤而论，光束以具有特定横向电场分布的模的形式传播，因此在整个截面上的光强不是恒定的。在这样的情况下，用模所携带的功率（而不是光强）来表示非线性效应是很方便的。如果模的线性传播常数用 β 表示，则在存在非线性的情况下，有效传播常数为

$$\beta_{NL} = \beta + \gamma P \tag{2.126}$$

式中，

$$\gamma = \frac{k_0 n_2}{\tilde{A}_{eff}}, \quad \tilde{A}_{eff} = 2\pi \frac{\left(\int \psi^2(r) r \mathrm{d}r \right)^2}{\int \psi^2(r) r \mathrm{d}r} \tag{2.127}$$

分别代表非线性系数和非线性有效模面积，β 是在低功率下模的传播常数。如果假设用高斯函数来描述模，则 $\tilde{A}_{eff} = \pi w_0^2$，其中 w_0 是高斯模的光斑尺寸。请注意，光纤的非线性系数 γ 取决于模的有效面积，而且有效面积越大，非线性效应就越小。表 2.3 给出了一些常见光纤类型的有效模面积。

表 2.3　典型商用光纤的有效模面积

光纤类型	有效面积/μm²
单模光纤（SMF）G.652	≈ 85
色散位移光纤（DSF）	≈ 46
非零 DSF（NZ-DSF）	≈ 52（$D>0$），56（$D<0$），73
色散补偿光纤（DCF）	≈ 23（$D<0$）
光子晶体光纤/有孔光纤	≈ 3

如果 α 代表光纤的衰减系数，那么在光纤中传播的功率会呈指数级降低，即 $P(z) = P_0 \mathrm{e}^{-\alpha z}$，其中 P_0 是输入功率，α 是衰减系数。在这样的情况下，光束在长度为 L 的光纤中传播时受到的相移为

$$\Phi = \int_0^L \beta_{NL} \mathrm{d}z = \beta L + \gamma P_0 L_{eff} \tag{2.128}$$

式中，

$$L_{eff} = \frac{1 - \mathrm{e}^{-\alpha L}}{\alpha} \tag{2.129}$$

叫作"光纤的有效长度"。如果 $\alpha L \geqslant 1$，则 $L_{eff} \sim 1/\alpha$；如果 $\alpha L \leqslant 1$，则 $L_{eff} \sim L$。对于在 1 550 nm 波长下工作的单模光纤来说，$\alpha \approx 0.25\,\mathrm{dB/km}$。因此当 $L \leqslant 20\,\mathrm{km}$ 时，$L_{eff} \sim L$；当 $L \geqslant 20\,\mathrm{km}$ 时，$L_{eff} \approx 20\,\mathrm{km}$。

由于模的传播常数 β_{NL} 取决于模所携带的功率，因此出射波的相位取决于其功

率，由此被称为"SPM"。

对于光脉冲来说，式（2.128）中的 P_0 会随时间变化，这将导致相位也会随时间变化（除 $\omega_0 t$ 之外）。因此，输出脉冲为啁啾脉冲，输出脉冲的瞬时频率为

$$\omega(t) = \frac{d}{dt}(\omega_0 t - \gamma P_0 L_{\text{eff}}) = \omega_0 - \gamma L_{\text{eff}} \frac{dP_0}{dt} \qquad （2.130）$$

脉冲的前沿相当于 dP_0/dt 的正值，脉冲的后沿相当于 dP_0/dt 的负值。因此，在存在 SPM 的情况下，脉冲前沿会发生频率下移，而脉冲后沿会发生频率上移。脉冲中心的频率保持不变，仍是 ω_0。图 2.28 显示了由 SPM 生成的输入无啁啾脉冲和输出啁啾脉冲。具有相同时域宽度的输出啁啾脉冲有更大的频谱。这些新频率是通过非线性过程生成的。

由非线性造成的啁啾——脉冲宽度不相应地增加——会导致脉冲频谱展宽。这种频谱展宽与光纤中的色散相结

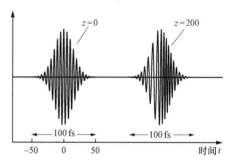

图 2.28 输入端的无啁啾脉冲在穿过光纤之后因 SPM 而变成啁啾脉冲

合，导致在非线性情况下出现脉冲的改进色散传播。在正常色散区，由色散引发的啁啾会使脉冲前沿的频率下移，而使脉冲后沿的频率上移。这与由 SPM 导致的频移有着相同的符号（即脉冲前沿的频率下移，而脉冲后沿的频率上移）。因此，在正常色散机制中（波长小于零色散波长），由色散和非线性导致的啁啾应当加起来。因此，与相同的脉冲在低功率下的色散相比，在高功率下非线性效应不可忽略，脉冲会受到加性色散。另外，在反常色散区（波长大于零色散波长），由色散造成的啁啾与由非线性造成的啁啾反号，因此在这个波长范围内，由非线性诱发的啁啾和由色散诱发的啁啾会部分地乃至全部地互相抵消。当全部抵消时，脉冲既不会在时域内展宽，也不会在频谱内展宽，这样的脉冲叫作"孤波"。因此，这些孤波可用于脉冲的少色散传播，以实现位速度很高的系统。

假设只有二阶色散和 $\chi^{(3)}$ 非线性，则入射脉冲的电场振幅 $A(z, t)$ 经证实满足以下条件[2.38]：

$$\frac{\partial A}{\partial z} = i\frac{\beta_2}{2}\frac{\partial^2 A}{\partial T^2} - i\gamma |A|^2 A \qquad （2.131）$$

式中，$\beta_2 = d^2\beta/d\omega^2$，$T = t - z/v_g$。式（2.131）被称为"非线性薛定谔方程"，用于描述脉冲在拥有二阶色散和 $\chi^{(3)}$ 非线性的介质中的传播。上述方程的解给我们提供了孤波，从数学上可描述为

$$A(z,t) = \sqrt{P_0}\,\text{sech}\left(\sqrt{\frac{P_0\gamma}{|\beta_2|}}T\right)e^{-i\gamma P_0 z/2} \qquad （2.132）$$

式（2.132）表明，形成孤波所需要的峰值功率与脉冲宽度和色散系数 D 有关。

例如，对于工作波长为 1 550 nm，半峰全宽值为 $\tau_{\mathrm{f}} = 10$ ps 并在 $\gamma = 2.4$ W^{-1}·km^{-1}，$D = 2$ ps/（km·nm）的光纤内传播的孤波脉冲来说，所需要的峰值功率将是 $P_0 = 33$ mW。

文献［2.6］中启发式地推导了在消除由色散和非线性造成的啁啾以形成孤波时所需要的功率。

即使色散啁啾和非线性啁啾之间的抵消结果不是很完美，光纤中的非线性效应仍会导致在反常色散区中的脉冲展宽减小。因此，脉冲受到的净色散会随着功率的增加而减小。

在设计色散补偿方案时，需要牢记这个事实。

2.12.2 交叉相位调制

现在来考虑将具有不同波长的两束或更多束不同光束同时发射到光纤中的情形。在这种情况下，每个单独的光波都会导致光纤的折射率发生变化，因为折射率与光强有关。然后，光纤折射率的这种变化会影响其他光束的相位，导致所谓的"交叉相位调制"（XPM）。

为了研究 XPM，假设两个光波以两种不同的频率在介质中同时传播。如果用 ω_1 和 ω_2 分别代表这两种频率，那么就可以求出在频率 ω_1 下振幅 A_1 的变化为

$$\frac{\mathrm{d}A_1}{\mathrm{d}z} = -\mathrm{i}\gamma(\tilde{P}_1 + 2\tilde{P}_2)A_1 \tag{2.133}$$

式中，$\tilde{P}_1$ 和 $\tilde{P}_2$ 分别代表在频率 ω_1 和 ω_2 下的功率。式（2.133）中的第一项代表 SPM，而第二项代表 XPM。如果假设这两个功率以相同的速率衰减，即

$$\tilde{P}_1 = P_1\mathrm{e}^{-\alpha z}, \quad \tilde{P}_2 = P_2\mathrm{e}^{-\alpha z} \tag{2.134}$$

则式（2.133）的解为

$$A_1(L) = A_1(0)\mathrm{e}^{-\mathrm{i}\gamma(P_1 + 2P_2)L_{\mathrm{eff}}} \tag{2.135}$$

其中，如前所述，L_{eff} 代表介质的有效长度。当研究在频率 ω_2 下的功率对频率为 ω_1 的光束的影响时，把频率为 ω_2 的波称为"泵浦波"，而把频率为 ω_1 的波称为"探测波或信号波"。根据式（2.135）可以明显看到，在频率 ω_1 下信号的相位被另一个频率下的功率修改。这叫作"XPM"。另外请注意，XPM 的有效性是 SPM 的 2 倍。

与 SPM 的情况类似的是，当出现 XPM 时，在频率 ω_0 下信号的瞬时频率为

$$\omega(t) = \omega_0 - 2\gamma L_{\mathrm{eff}}\frac{\mathrm{d}P_2}{\mathrm{d}t} \tag{2.136}$$

式中，P_2 是由另一个波长携带的功率。受泵浦脉冲前沿影响的那部分信号将会发生频率下移（因为在脉冲前沿中，$\mathrm{d}P_2/\mathrm{d}t > 0$），而与脉冲后沿重叠的那部分信号将会发生频率上移（因为 $\mathrm{d}P_2/\mathrm{d}t < 0$）。这会导致信号脉冲出现频率啁啾，就像在 SPM 的情况中那样。传统的检波器能探测信号的强度变化，因此不会受到由 XPM 引起的相位变化影响。但由于光纤中的色散效应，这些相位变化会转变成强度变化，进而

在光纤通信系统中造成进一步的位误差。

如果这两个光波都是脉冲型，则 XPM 会导致脉冲的啁啾。在存在有限色散（即工作波长远离零色散波长）的情况下，这两个脉冲将以不同的速度移动，因此相互远离。当这两个脉冲共同进入光纤时，由于走离效应，每个脉冲将只能看到另一个脉冲的后沿或前沿，从而导致啁啾。另外，如果碰撞过程是完整的，即如果脉冲一开始是分开的，之后相互交织，然后在光纤中传播时又再次分开，那么就不会出现由 XPM 诱发的啁啾，因为其中一个脉冲会与另一个脉冲的前沿和后沿相互作用。在实际的系统中，这种抵消作用是不完美的，因为脉冲会衰减，因此当脉冲相互交织时非线性相互作用会减弱。

2.12.3 四波混频（FWM）

我们来考虑频率分别为 ω_2、ω_3 和 ω_4 的三个波入射到光纤中时的情形。当存在这三个波时，光纤中的三阶非线性会导致形成频率为 ω_1 的非线性偏振。频率 ω_1 可由下式求出：

$$\omega_1 = \omega_3 + \omega_4 - \omega_2 \tag{2.137}$$

在某种情况下，这种非线性偏振会导致产生具有新频率 ω_1 的电磁波。这种现象被称为"四波混频"（FWM）。在致密的波分多路复用（DWDM）系统中，FWM 会在系统的不同波长通道之间引发串道。

由于其他波的存在而引发的、频率为 ω_1 的非线性偏振可由下式求出：

$$P_{NL}^{\omega_1} = \frac{1}{2}\left(p_{nl}e^{i(\omega_1 t - \beta_1 z)} + \text{c.c.}\right) \tag{2.138}$$

式中，

$$p_{nl} = \frac{3\varepsilon_0}{2}\chi^{(3)}A_2^* A_3 A_4 \psi_2 \psi_3 \psi_4 e^{-i\Delta\beta z} \tag{2.139}$$

式中，$\Delta\beta = \beta_3 + \beta_4 - \beta_2 - \beta_1$；$A_i$ 和 ψ_i 代表与频率为 ω_i 的模相对应的振幅和模场分布。从非线性偏振的表达式中可以看到，总的来说，非线性偏振速度并不等于所生成的电磁波的速度。为了高效地生成频率为 ω_1 的电磁波，相位必须匹配，即非线性偏振（频率为 ω_1 的放射源）的速度和电磁波（频率为 ω_1）的速度必须相等。为达到此目的，必须令 $\Delta\beta = 0$。通过假设频率的间隔密集且相等（即 $\omega_1 = \omega_2 - \Delta\omega$，$\omega_3 = \omega_2 - 2\Delta\omega$，$\omega_4 = \omega_2 + \Delta\omega$）并对所有 β 围绕着频率 ω_2 进行泰勒级数展开，得到

$$\Delta\beta = -\frac{4\pi D\lambda^2}{c}(\Delta v)^2 \tag{2.140}$$

式中，$\Delta\omega = 2\pi\Delta v$ 代表相邻通道之间的频率间隔。因此，当通道围绕着光纤的零色散波长分布时，$D = 0$，我们会获得相位匹配，从而得到高效的 FWM。如果想要减少 FWM，光波的工作波长必须远离零色散波长。这使得非零色散位移光纤（NZ-DSF）被开发出来，这种光纤引入了有限的小色散（2～8 ps/（km·nm）），以减少实际光纤通信系统中的 FWM 效应（见图 2.10）。另外，如果希望将强 FWM 效

应用于全光信号处理或波长转换等用途,那么相互作用波长必须接近于零色散波长。

假设所有的频率都具有相同的衰减系数 α,同时忽略由转换造成的损耗,则由其他三个频率的混合导致的,在频率 ω_1 下产生的功率可表示为

$$P_1 = 4\gamma^2 P_2 P_3 P_4 L_{\text{eff}}^2 \eta e^{-\alpha L} \tag{2.141}$$

式中,

$$\eta = \frac{\alpha^2}{\alpha^2 + \Delta\beta^2}\left[1 + \frac{4e^{-\alpha L}\sin^2\dfrac{\Delta\beta L}{2}}{(1 - e^{-\alpha L})^2}\right] \tag{2.142}$$

由式(2.142)可明显看到,当 $\eta = 1$(即 $\Delta\beta = 0$)时,会出现最大转换率。如果假设所有的波长携带着相同的功率 P_{in},则在相位匹配下,由 FWM 生成的功率与由光纤激发的功率之比为

$$R = \frac{P_g}{P_{\text{out}}} = \frac{P_1(L)}{P_{\text{in}}e^{-\alpha L}} = 4\gamma^2 P_{\text{in}}^2 L_{\text{eff}}^2 \tag{2.143}$$

因此,如果在每个通道中都有 1 mW 的输入功率,则当 $\gamma = 1.73 \times 10^{-3}\ \text{m}^{-1}\cdot\text{W}^{-1}$ 时,$L_{\text{eff}} = 20\ \text{km}$,由 FWM 生成的输出功率将是通道中现有功率的大约 0.5%。由此,我们能求出由 FWM 造成的通道之间的串道程度。

图 2.29 显示了当三个 3 mW 波长同时入纤时在 25 km 色散位移光纤(在中心通道处 $D = -0.2\ \text{ps}/(\text{km}\cdot\text{nm})$)的输出端测量的输出频谱。请注意,四波混频会生成 9 个具有不同振幅(与输入信号之间的最大峰值比率为 1%)的新频率。新生成的波将干扰在那些通道中存在的功率,导致产生串道。通过选择非零色散值,四波混频效率会显著降低。色散系数越大,相同串道的通道间隔就越小。

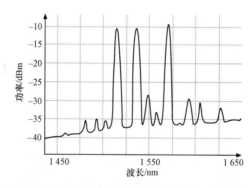

图 2.29 在工作波长接近于零色散波长的光纤中由四波混频导致产生的新频率分量(输入频率由三个大振幅频率组成(根据文献[2.39]))

由于色散会导致光纤通信系统中的位出错率增加,因此拥有低色散是很重要的。但另一方面,低色散会诱发由 FWM 造成的串道。这个问题可根据"FWM 取决于光纤中的局部色散值而链路末端的脉冲展宽取决于光纤链路的总色散"来解决。

如果选择由正/负色散系数组成的链路，则通过适当地选择正/负色散光纤的长度，就有可能使总的链路色散为零，同时保持较大的局部色散。这叫作"光纤系统中的色散管理"。

虽然 FWM 会导致在光纤通信系统中的不同波长通道之间出现串道，但 FWM 仍可用于各种光学处理功能，例如波长转换、高速时分复用、脉冲压缩、光学放大等[2.41,2.42]。对于这些用途来说，全世界都在齐心协力开发模面积小得多而非线性系数更高的高度非线性光纤。最近开发的一些很新颖的光纤——包括有孔光纤、光子带隙光纤或光子晶体光纤——很值得关注，因为这些光纤有极小的有效模面积（在 1 550 nm 波长下 $\approx 2.5\ \mu m^2$），而且可设计成甚至在可见光谱区都能产生零色散[2.43,2.44]。这预计会彻底改变非线性光纤——通过提供新的几何形状从而在低功率下实现高效的非线性光学处理。

2.12.4　超连续谱产生

超连续谱产生（SC）是一种通过具有高峰值功率的皮秒和飞秒脉冲的非线性效应生成几乎连续的光谱增宽输出（带宽＞1 000 nm）的现象。这种增宽谱已应用于光谱学、光学相干断层成像术、光通信的 WDM 源（通过光谱切片）。光纤中的超连续谱产生是一种很方便的方法，因为通过选择较小的模面积，可以在很长的相互作用长度上保持较高的强度水平，而通过改变光纤的横向折射率分布，可以正确地设计出光纤的色散分布。在光纤中发生的光谱展宽是由各种三阶效应（如 SPM、XPM、FWM 和拉曼散射）结合起来之后造成的。由于色散在脉冲的时域演化中起着重要的作用，因此参考文献中利用了不同的色散分布来获得宽带 SC。一些研究人员采用了色散渐减光纤和色散平坦光纤，而其他研究人员则先是采用了具有恒定反常色散的光纤，然后采用了正常色散光纤。

图 2.30 显示了通过让光脉冲穿过光子晶体光纤而得到的输入和输出增宽光谱[2.40]。

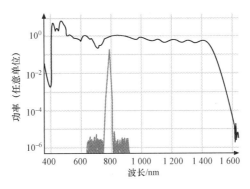

图 2.30　通过超连续谱产生过程实现光谱增宽（根据文献［2.40]）

| 2.13　微结构光纤 |

标准光纤利用全内反射现象来引导光。最近，研究人员开展了热烈的探究活动，实现了利用布拉格反射或光子带隙效应来引导光的光纤。光子晶体是用周期性与光波长相当的光学材料制成的周期性结构。这些结构可能是一维的（如光纤布拉格光栅）、二维的或三维的。具有适当对称性和周期性的结构会呈现出光子带隙，也就是让光不能穿过该结构的光波长区，很像晶体中的电子带隙。因此，这些结构能够控制光的传播，并在半导体激光器、光调制器、集成光学器件、非线性器件等装置中应用。显微结构光纤在二氧化硅衬底材料中有周期性布置的孔，这些孔均位于光纤的长度方向上，能够通过带隙效应来引导光。图 2.31 显示了两类这样的光纤：一类具有固体二氧化硅纤芯，另一类在中心处有一个气孔。由于可以利用带隙效应来达到限制目的，因此具有空气纤芯的光纤是可能实现的。这种有孔光纤目前正在广泛应用。另外，具有固体纤芯且有效模面积在 $3\ \mu m^2$ 左右的光纤也有可能实现。由于非线性效应取决于光强度，因此这些光纤会产生很有意思的非线性效应——甚至在中等功率级时也如此。显微结构光纤表现出一种很有趣的特性，即在很大的波长范围内均为单模。要了解这一点，我们要说明一个事实，即：由于在包层中存在空穴，因此随着波长的改变，空穴中光功率所占的比例也会变化。这导致包层的有效折射率高度依赖于波长，并随着波长的增加而增加。由此得到一个有效的阿贝数，导致形成单模工作模式。这种光纤也叫作"无尽单模光纤"。显微结构光纤的色散还可以通过合适的设计方案来加以控制。通过利用二氧化硅，我们可能在可见光谱区内实现零色散——而利用传统的光纤设计是不可能实现的。需要控制色散和非线性的超连续谱产生过程就是这样的一种应用形式。如今，基于此类光纤的装置已能在市场上买到。随着新技术的引入，这些光纤中的传播损耗已大大减少，最近还实现了损耗值为 0.3 dB/km 的光子晶体光纤[2.45]。

（a）　　　　　　　　　　　（b）

图 2.31　固体纤芯式光子晶体光纤和空芯式光子晶体光纤
（经由英国 Blaze Photonics 公司提供）
（a）固体纤芯式 PCF；（b）空芯式 PCF

|参 考 文 献|

［2.1］ D. J. H. Maclean：*Optical Line Systems*（Wiley，Chichester 1996）

［2.2］ C. K. Kao, G. A. Hockham：Dielectric fiber surface waveguides for optical frequencies，IEEE Proc. **133**，1151（1966）

［2.3］ T. Miya, Y. Terunama, T. Hosaka, T. Miyashita：An ultimate low loss single-mode fiber at 1.55 μm，Electron. Lett. **15**，106（1979）

［2.4］ T. Moriyama, O. Fukuda, K. Sanada, K. Inada, T. Edahvio, K. Chida：Ultimately low OH content V. A. D. optical fibers，Electron. Lett. **16**，689（1980）

［2.5］ D. Gloge：Weakly guiding fibers，Appl. Opt. **10**，2252（1971）

［2.6］ A. Ghatak, K. Thyagarajan：*Introduction to Fiber Optics*（Cambridge Univ. Press，Cambridge 1998）

［2.7］ R. Paschotta：Encyclopedia of Laser Physics and Technology，http：// www.rp-photonics.com/fibers.html，Date of last access：January 5，2007

［2.8］ A. Ghatak, K. Thyagarajan：*Optical Electronics*（Cambridge Univ. Press，Cambridge 1989）

［2.9］ D. Marcuse：Gaussian approximation of the fundamental modes of a graded index fibers，J. Opt. Soc. Am. **68**，103（1978）

［2.10］ A. K. Ghatak, K. Thyagarajan：*Contemporary Optics*（Plenum，New York 1978）

［2.11］ A. Ankiewicz, C. Pask：Geometric optics approach to light acceptance and propagation in graded index fibers，Opt. Quantum Electron. **9**，87（1977）

［2.12］ U. C. Paek, G. E. Peterson, A. Carnevale：Dispersion-less single mode light guides with α index profiles，Bell Syst. Tech. J. **60**，583（1981）

［2.13］ D. Marcuse：Interdependence of waveguide and material dispersion，Appl. Opt. **18**，2930−2932（1979）

［2.14］ M. J. Li：Recent progress in fiber dispersion compensators，Proc. ECOC 2001，Amsterdam，Opt. Commun. **4**，486−489（2001），paper ThM1.1

［2.15］ R. Ramaswami, K. N. Sivarajan：*Optical Networks：A Practical Perspective*（Morgan Kaufmann，San Francisco 1998）

［2.16］ Y. Nagasawa, K. Aikawa, N. Shamoto, A. Wada, Y. Sugimasa, I. Suzuki, Y. Kikuchi：High performance dispersion compensating fiber module，Fujikura Rev. **30**，1−7（2001）

［2.17］ K. Thyagarajan, R. K. Varshney, P. Palai, A. Ghatak, I. C. Goyal：

A novel design of a dispersion compensating fiber, Photonics Tech. Lett. **8**, 1510 (1996)

[2.18] J. L. Auguste, R. Jindal, J. M. Blondy, M. J. Clapeau, B. Dussardier, G. Monnom, D. B. Ostrowsky, B. P. Pal, K. Thyagarajan: −1 800 ps/(nm·km) chromatic dispersion at 1.55 μm in dual concentric core fibre, Electron. Lett. **36**, 1689 (2000)

[2.19] S. Ramachandran (Ed.): *Fiber-Based Dispersion Compensation* (Springer, New York 2010)

[2.20] A. E. Willner, K. M. Feng, J. Cai, S. Lee, J. Peng, H. Sun: Tunable compensation of channel degrading effects using nonlinearly chirped passive fiber Bragg gratings, IEEE J. Sel. Top. Quantum Electron. **5**, 1298–1311 (1999)

[2.21] A. M. Vengsarkar, P. J. Lemaire, J. B. Judkins, V. Bhatia, T. Erdogan, J. E. Sipe: Long period fiber gratings as band rejection filters, J. Lightwave Technol. **14**, 58–65 (1996)

[2.22] S. W. James, R. P. Tatam: Optical fiber long period grating sensors: Characteristics and applications, Meas. Sci. Technol. **14**, R49–R61 (2003)

[2.23] A. M. Vengsarkar, J. R. Pedrazzani, J. B. Judkins, P. J. Lemaire, N. S. Bergano, C. R. Davidson: Long period fiber grating based gain equalizers, Opt. Lett. **21**, 336–338 (1996)

[2.24] P. Palai, M. N. Satyanarayan, M. Das, K. Thyagarajan, B. P. Pal: Characterization and simulation of long period gratings using electric discharge, Opt. Commun.**193**, 181 (2001)

[2.25] A. W. Snyder: Coupled mode theory for optical fibers, J. Opt. Soc. Am. **62**, 1267 (1972)

[2.26] E. Desurvire: *Erbium Doped Fiber Amplifiers* (Academic, New York 1994)

[2.27] P. C. Becker, N. A. Olsson, J. R. Simpson: *Erbium Doped Fiber Amplifiers* (Academic, San Diego 1999)

[2.28] K. Thyagarajan, A.Ghatak: *Lasers: Fundamentals and Applications* (Springer, New York 2010)

[2.29] W. L. Barnes, R. I. Laming, E. J. Tarbox, P. Morkel: Absorption and emission cross section of Er^{3+} doped silica fibers, IEEE J. Quantum Electron. **27**, 1004–1010 (1991)

[2.30] M. A. Arbore, Y. Zhou, H. Thiele, J. Bromage, L. Nelson: S-band erbium doped fiber amplifiers for WDM transmission between 1488 and 1508 nm, Proc. Opt. Fiber Commun. Conf. (2003), Paper WK2

[2.31] K. Thyagarajan, K. Charu: S-band single stage EDFA with 25 dB gain using distributed ASE suppression, IEEE Photonics Tech. Lett. **16**, 2448 – 2450(2004)

[2.32] J. Bromage: Raman amplification for fiber communication systems, J. Lightwave Technol. **22**, 79 (2004)

[2.33] K. Thyagarajan, K. Charu: Fiber design for broadband, gain flattened Raman fiber amplifier, IEEE Photonics Tech. Lett. **15**, 1701 – 1703 (2003)

[2.34] K. Charu, K. Thyagarajan: Segmented-clad fiber design for tunable leakage loss, J. Lightwave Technol. **23**, 3444 – 3453 (2005), Special issue on Optical Fiber Design

[2.35] M. N. Islam: Overview of Raman amplification in telecommunications. In: *Raman Amplifiers for Telecommunications* 1, Springer Ser. Opt. Sci. , Vol. 90, ed. by M. N. Islam (Springer, New York 2004)

[2.36] G. P. Agarwal: Fiber optic Raman amplifiers. In: *Guided Wave Optical Components and Devices*, ed. by B. P. Pal (Elsevier, Amsterdam 2006)

[2.37] A. R. Chraplyvy: Limitations on lightwave communications imposed by optical-fiber nonlinearities, J. Lightwave Technol. **8**, 1548 (1990)

[2.38] G. P. Agarwal: *Nonlinear Fiber Optics* (Academic, Boston 1989)

[2.39] R. W. Tkach, A. R. Chraplyvy, F. Forghieri, A. H. Gnauck, R. M. Derosier: Four photon mixing and high speed WDM systems, J. Lightwave Technol. **13**, 841 (1995)

[2.40] J. K. Ranka, R. S. Windeler, A. J. Stentz: Visible continuum generation in air silica microstructure optical fibers with anomalous dispersion at 800 nm, Opt. Lett. **25**, 25 – 27 (2000)

[2.41] M. Saruwatari: All-optical signal processing for terabit/second optical transmission, IEEE J. Sel. Top. Quantum Electron. **6**, 1363 (2000)

[2.42] J. Hansryd, A. Andrekson, A. Westlund, J. Li, P. Hedekvist: Fiber based optical parametric amplifiers and their applications, IEEE Sel. Top. Quantum Electron. **8**, 506 (2002)

[2.43] J. K. Ranka, R. S. Windeler: Nonlinear interactions in air-silica microstructure optical fibers, Opt. Photonics News **11**, 20 – 25 (2000)

[2.44] P. Petropoulos, T. M. Monro, W. Belardi, K. Furusawa, J. H. Lee, D. J. Richardson: 2R – regenerative all-optical switch based on a highly nonlinear holey fiber, Opt. Lett. **26**, 1233 (2001)

[2.45] K. Kurokawa, K. Tajima, J. Zhou, K. Nakajima, T. Matsui, I. Sankawa: Penalty free dispersion managed soliton transmission over 100 km low loss PCF, Proc. Opt. Fiber Commun. Conf. (2005), Post deadline Paper PDP 21

第 3 章

频率梳

在原子、分子和光学领域中的很多现代研究都依靠的是大约 50 年前发明的，并在这 50 年的集中研发中不断完善的激光器。如今，激光器和光激性技术影响了大多数的科学领域，它们已成为日常生活中不可缺少的一部分。早在 10 年前，激光频率梳就被设想为原子氢精密光谱学的工具。通过光频梳方法的开发，一种尺寸为 $1\,m \times 1\,m$、能有效地精确测量任何频率且在市场上买得到的装置替代了以前用于测量光频的复杂频率链方案——后者只能测量选定的频率。至此，一场真正的光频测量革命已经发生，为精度可达 10^{-18} 的全光时钟的生成铺平了道路。10 年后的今天，频率梳已成为所有频率计量实验室的通用设备。频率梳还正在使越来越多的用途成为可能——从天体摄谱仪的校准到分子光谱学。本章将首先描述光频梳合成器的原理，然后讲述用于生成此频率梳的一些关键技术。最后，将浅谈频率梳不断增加的用途。

|3.1　频率梳的原理|

光频梳是一种由数百万根分布极其均匀的、具有已知频率的光谱线组成的光谱。有几篇评论文章[3.1~3.5]和几部书籍[3.6]都描述了光频梳技术及其各种各样的用途。

在大部分时间里，我们都用由飞秒锁模激光器生成的周期性脉冲序列来得到甚宽频带频率梳，因此，对光频梳生成原理的解释将集中于这个方面。

3.1.1　锁模激光器的时域和频域描述

在时域（见图 3.1（a））中，这些激光器输出的脉冲序列基本上是被激光腔往返时间隔开的脉冲复制品。在频域（见图 3.1（b））中，两个模或两根梳形线之间的间隔恰好等于重复频率 f_r。即使脉冲不是复制品，但如果电磁载波的相位相对于从脉冲到脉冲的脉冲包络能够实现相移复制，则上述结论仍然成立[3.7]。由于在激光腔中存在色散，因此激光里会出现这种相移。然后，整个频率梳会相对于具有重复频率 f_r 的整数倍谐波发生频移，频移量为载波 – 包络偏频 f_0，等于每个脉冲周期中的净相移模 2π。于是，梳形线的频率为 $f_n = n f_r + f_0$，其中 n 是整数模数。任何梳形线的频率都可利用两个射频 f_r 和 f_0 以及整数模数 n 计算出来。这种频率梳表现得就像频率

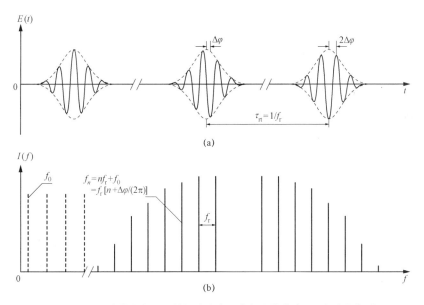

图 3.1　在由锁模激光器发射的脉冲序列中的连续脉冲以及相应的频谱

（上迹线：随着载波以相速度移动，而脉冲包络以不同的群速移动，载波将在每次腔内往返之后相对于脉冲包络产生相移 $\Delta\varphi$；下迹线：这种连续相移将导致产生频率偏移量 $f_0 = \Delta\varphi/\tau_{rt}$，使频率梳无法由具有脉冲重复频率 f_r 的精确谐波组成）

（a）时域；（b）频域

空间中的标尺，可根据脉冲重复频率 f_r 来测量两个不同光频之间的较大间隔。本丛书的《光学基本原理》中对锁模激光器的时域和频域行为进行了严谨的数学描述。

3.1.2 梳状谱的频率控制和自参照

对于由非常有用的锁模激光器生成的频率梳来说，通常必须控制其频谱，即控制梳形谱线的两个自由度、绝对位置和间隔。从上面对输出脉冲序列的描述来看，这意味着要控制重复频率 f_r 和脉冲间的相移 $\Delta\varphi$。

由于梳形谱线的间隔 f_r 仅由激光器的重复频率决定，因此 f_r 的测量和控制相当容易。f_r 可利用快速光电二极管来测量，并与参考微波做比较或锁相至参考微波。或者，可用外部稳定连续波激光器作为参照，使频率梳光模产生外差效果。第二种方法利用了稳定窄线宽激光器的极低噪声——这种激光器的部分稳定性高于微波振荡器的稳定性。

脉冲间相移 $\Delta\varphi$ 或载波包络频率 f_0 的探测更加复杂。事实上，仅在 1999 年，研究人员才通过频率梳中不同分量的不同谐波（3.5 次和 4 次谐波）之间的差拍得到了 f_0[3.8,3.9]。由于需要付出相当大的努力才能生成所需的谐波，因此倍频程频率梳的可获得性大大简化了这项任务[3.10~3.12]。当利用光子晶体光纤来生成倍频程频率梳时，确实有可能实现简单的自参照[3.13]。通过光模的直接倍频（见图 3.2），大量光模会产生载波包络 – 偏移量拍频 $f_0=2f_n-f_{2n}$，具体要视二次谐波发生晶体的带宽而定。为了使所有这些拍音同相，原始高光频脉冲和倍频低光频脉冲这两个脉冲必须同时到达 f_0 探测器。光延迟线可能会达到这个目的。通过利用这个装置（叫作 "$f-2f$ 干涉仪"），就可以确定决定频率梳自由度的两个射频。为了获得稳定的频率梳以便进行绝对光频测量，一种有利的做法是将 f_r 和 f_0 锁相至精确的基准射频（例如铯原

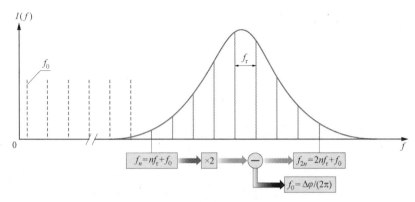

图 3.2 自参照光频梳合成器的原理

（在频率梳的低频翼具有模数 n 且频率为 $f_n=nf_r+f_0$ 的光模在非线性晶体中会产生倍频。当频率梳覆盖了整个光学倍频程时，具有模数 $2n$ 的光模在 $f_{2n}=2nf_r+f_0$ 频率下会同时振荡。倍频模和具有模数 $2n$ 的光模之间的拍音会产生载波包络偏频 $2f_n-f_{2n}=f_0$）

子钟或由 GPS 控制的石英振荡器）。或者，还可用外部稳定连续波激光器作为参照，使频率梳的另一个光模产生外差效果并达到稳定。为了形成一个完整的稳定化循环，用于控制 f_0 的激光器必须通过调节能够改变腔内群速和相速度之差。在受棱镜色散控制的激光器中，我们可以让位于色散腔端的平面镜变得倾斜[3.9]。如今，最广泛应用的方法是利用声光调制器或光电调制器来调节泵浦功率。

| 3.2 频率梳发生器技术 |

3.2.1 光电调制器

光频梳发生器一开始时是通过将一个单频连续波激光器注入一个含有强驱动光电调制器（EOM）的高质量光学共振腔中来制造的[3.14]。几十个边带通常能生成几 THz 的频率梳带宽——接近于光学载波频率的 10%。如果连续波激光器的绝对光频已知，则所得到的频率梳可用于直接测量邻近频率[3.15]。或者，当连续波激光器的绝对频率未知时，可利用梳状波发生器来测量复杂频率链中的频隙。基于 EOM 的频率梳对光学频率测量领域有直接影响[3.16]。但用这种方法可获得的带宽要受到腔内色散和调制效率的限制。为获得较大的带宽，锁模激光器被引入，从而在光频测量领域中掀起了一场真正的革命。

3.2.2 锁模激光器

基于锁模激光器的频率梳技术早在 1976 年就已经开始开发[3.17~3.19]。实际上，同步泵浦锁模皮秒染料激光器能产生稳定相相干脉冲序列，而且所得到的梳形谱线可用作频率标尺，用于测量一些原子微细结构间隔[3.20]。但皮秒激光器的有限量程并不能用于确定载波相对于脉冲包络的相移，因此不能用于探明梳形谱线的绝对位置。

在 20 世纪 90 年代晚期，由于在超短脉冲激光器技术方面取得的进步，人们利用在大约 800 nm 波长下发光的固态掺钛蓝宝石激光器，得到了第一批自参照频率梳[3.10,3.11]。在大多数情况下，这些频率梳的输出频谱很宽，但还没有达到在利用常见的 $f-2f$ 自参照方案来测量载波包络频率时所需的倍频程。于是，人们在光子晶体光纤中进行频谱展宽。一开始时，人们担心这种方法不能保持相干性以及频率梳结构，但后来他们发现这种方法通常能很好地保持频率梳结构。色散管理掺钛蓝宝石激光器也能够直接生成倍频程光谱，而无须使用非线性光纤[3.21,3.22]。分别在大约 1 550 nm 和 1 040 nm 波长下发光的掺铒光纤激光器[3.23,3.24]和掺镱光纤激光器[3.25,3.26]也与光子晶体光纤或高度非线性色散平坦光纤结合使用，用于实现频谱展宽。光纤光源[3.27]能够得到一种更加实用、稳健的小型免调试装置。但基于钛 – 蓝宝石的系统通常表现出更好的噪声特性。这些激光频率梳光源如今已能在市场上买到，因此能很好地覆盖 400～2 000 nm 的波长范围。在过去十年里，其他几种飞秒激光器也被用作频率梳。这些飞秒激光器采用了增益介质，例如 Cr：LiSAF[3.28]、Cr：镁橄榄石[3.29]、Yb：KYW[3.30]等。

如今，人们正在探究频率梳技术从 THz 频率到新光谱区（远紫外区）的延伸。太赫（THz）频率梳的产生正在萌芽中[3.31]。THz 频率梳已能从被飞秒脉冲序列或光整流激发的光导天线中生成。迄今为止，用于在中红外和紫外线区生成短脉冲的最常见方法依赖于近红外或可见光锁模激光器通过非线性过程实现的下转换或上转换，例如光参量生成[3.32~3.34]、差频[3.35,3.36]与和频[3.37]的生成。虽然有几个研究小组已演示了令人信服的频率梳生成方法，但这些方法中没有哪一种能广泛应用或能在市场上买到。一些从事超短激光源开发的主导实验室目前正计划开发基于新型量子级联半导体激光器或新型固态激光材料的代用新兴技术。这些开发工作可能会在今后几年拓宽频率梳的发展空间。

虽然在中红外和紫外线光谱区内可以选择晶体来进行非线性频率变换，但在真空和远紫外区内情况却不是这样的。在 XUV（远紫外区）谱域内获得甚高重复频率超短脉冲激光源的战略是高次谐波产生。通过将飞秒激光强脉冲聚焦到气体靶上，确实能导致基频光的高次谐波产生（HHG），从而延伸到 XUV 乃至 X 射线范围[3.38~3.40]。外部增强腔经证实[3.41,3.42]很有希望生成大功率 XUV 频率梳。在这些实验中，红外线或可见光频率梳（在大多数情况下是掺钛蓝宝石和 Yb－激光器系统）的等距模被注入（见图 3.3）含有气体靶焦点的一个非能动共振腔中。每次经过焦点之后，光脉冲的未转换部分都会与激光器发出的连续脉冲发生相干重叠。这样一来，在共振腔内的焦点上（见图 3.4），功率能增强几百瓦特，光强可达到 10^{13} W/cm^2 或更高——这些是实现 HHG 的必要条件。

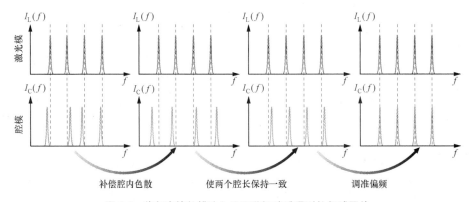

图 3.3　将频率梳的模注入无源谐振腔后得到的频域图片

（必须控制三个参数，以获得宽带共振：增强腔的色散补偿会得到等距空腔共振模。
通过将谐振腔长度调至激光器长度，可使模间隔保持一致。而通过调节种子激光
的偏频，最终能使所有的相关模保持一致）

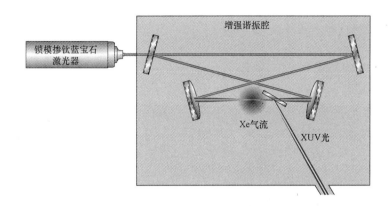

图 3.4   用于在增强腔中生成 XUV 频率梳的实验装置示意图

在 50 MHz 重复频率下工作的最新掺钛蓝宝石增强腔能够稳定地形成 750 W 的平均功率和 4.5×10^{14} W/cm^2 的峰值强度[3.43]，由此可达到史无前例的 10^{-7} 级转换效率。利用高反射率平面镜设计来管理色散从而使种子频率梳的整个光谱带宽耦合到谐振腔中并保持所需的腔内平均循环高功率——这是在通过增强腔来生成 XUV 辐射线的过程中面临的技术挑战之一。另一个技术挑战是缺乏一种合适的方法[3.44]使谐波光耦合到腔外。由于在 XUV 波长下足够透明的固体材料基本上不存在，因此 XUV 辐射线不可能在不被吸收的情况下穿过激光腔镜。XUV 输出耦合的途径包括：将一块板沿着基频光的布儒斯特角插入[3.41,3.42]增强腔内；非共线高次谐波产生[3.45]；精心设计的谐振腔几何形状（例如在腔内焦点后面的曲面镜中钻一个小孔，因为谐波光的发散程度小于基频光）；优化的输出耦合器设计（例如小周期色散光栅[3.46]）。对相互作用长度上的谐波信号增强加以控制的相位匹配效应也必须用如下方法来优化：使互作用区位于腔内光束焦点的后面，或者用波导引导超短基频脉冲。作为一种替代途径，极高功率高重复频率放大器[3.47]也可能直接实现高效的高次谐波产生，而不需要采用增强腔。一旦 XUV 辐射光生成，就必须检测频率梳结构。由于 HHG 过程的非线性极强，因此人们很担心频率梳的相干性不能通过 HHG 来保持。到目前为止，只有相邻脉冲之间的相干性在实验中证实[3.48]能通过基频光的 7 次谐波来保持——其中的基频光是由在 1070 nm 波长下工作的大功率锁模飞秒光纤激光器发出的。

除经证实分别可达到 10 GHz[3.49]和 1 GHz[3.50]重复频率的掺钛蓝宝石和 Yb：光纤激光器之外，大多数的频率梳发生器都在几百兆赫兹的重复频率下工作。合适的重复频率与用途密切相关。对于精确光谱学来说，通常可取的重复频率范围是从几百兆赫兹到几千兆赫兹，仅在确定模折射率时有一些小波动。在与天文学或逐行脉冲整形有关的用途中，需要用色散分光计等仪器对个别模进行直接分辨。或者说，使每根梳状谱线都具有高功率——这对于控制光谱学中的非线性现象来说很重要。在这种情况下，需要采用高于 1 GHz 的重复频率。另外，达到中红外波长或紫外线波长范围的高分辨率分子光谱或非线性频率变换需要采用较低的重复频率（< 100 MHz）和较高的单脉冲能量。

频率稳定性和噪声问题也与用途有很大关系。在大部分时间里，可取的做法是让频率梳不给用于控制 f_r 和 f_0 的基准振荡器带来噪声。而在大于数十毫秒的时间范围内，基准振荡器的稳定性经证实可能会转移[3.52]到频率梳的发射上，而且梳形谱线的位置可能会提供一个精确的"齿形"，使其剩余不确定性低于 1×10^{-19}[3.53]。换句话说，在 100 THz 的梳状光谱带宽中，可以获得合适的参照伺服控制梳状谱线单宽度以及 1 Hz 级的频率不定度。频率梳的 $10^5 \sim 10^6$ 个模中的任何一个模都能起到稳频连续波窄线宽激光器的作用。但在小于 10 ms 的时间范围内，本征频率梳噪声源可能大大增加，并可能难以消除——即使通过精心的设计也无法消除。这些噪声源[3.27,3.54]包括温度和声音的扰动、放大的自发发射、由泵浦源转移的振幅噪声和频率噪声、各种噪声在用于实现频谱展宽的非线性光纤中的放大[3.55]。

3.2.3　微谐振腔

用于生成频率梳的新兴技术包括微谐振腔[3.56]。回音廊模式谐振腔（如微片、微球、微型环芯或微环）通过全内反射，把光限制在空气-介质分界面的圆周周围。这种谐振腔可能获得极高的品质因数（> 10^8），从而得到较长的相互作用长度以及极低的非线性光学效应阈值。

当这种微谐振腔由三阶非线性材料制成并且用连续波激光器来泵浦时，级联四波混频会导致频率梳谱的生成，就像二氧化硅微型环芯在近红外光中首次演示的那样。在这个过程中，两个泵浦光子（频率为 f_P）被湮灭，产生一对光子，这对光子的频率相对于泵浦频率（$2f_P = f_S + f_I$）发生上频移（f_S）和下频移（f_I），频移量为一个空腔自由光谱区。这个过程会发生级联，而且由于参变过程是节能的，还会导致等距光频梳[3.51]的形成。但这个光频梳的频谱特性（偏频和模间隔）可控[3.57]。我们还能看到，经过色散设计的微谐振腔能够直接生成倍频程频率梳[3.58]。光在谐振腔的入耦合和出耦合是利用锥形光纤或全内反射棱镜并通过让这些装置的渐逝场与回音廊模的渐逝部分相重叠来实现的。基于这种机制的几种微谐振腔平台经演示能在近红外区[3.51,3.57~3.59]和可见光谱区[3.60]生成频率梳，最近在中红外区[3.61]经证实也能生成频率梳。二氧化硅（文献 [3.51，3.57~3.59]，见图 3.5）、单晶体（如石英[3.62]、MgF_2[3.61,3.63]或 CaF_2[3.64]）或与 CMOS 相容的半导体（如 InP、Ge、SiN 或 Si）是合适的频率梳生成材料[3.65~3.67]。

(a)

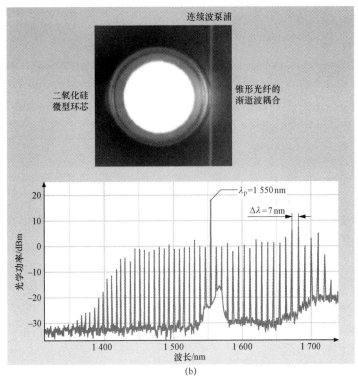

(b)

图 3.5　微谐振腔及光谱

（a）熔融石英微型环芯回音廊模式谐振腔的扫描电子显微镜图像
（根据文献［3.51］）；（b）二氧化硅环芯的顶视图以及在锥形光纤的输出端测得的光谱，
模间隔为谐振腔的自由光谱区（根据文献［3.51］）

微谐振腔尤其值得关注，因为它们直径小（一般为 100 μm～10 mm），能产生具有较大谱线间隔（10～1 000 GHz）的频率梳，而这么大的谱线间隔正是很多新近应用领域所需要的。而利用基于锁模激光器的频率梳则很难得到这样大的谱线间隔，因为锁模激光器的谐振腔长度短，而且也需要这么短。紧凑的小型化设计、可能的片上集成、直接的光纤光耦合以及让每条梳状谱线具有高功率，这些方法也很有希望能扩展频率梳的功能范围，使其投入实际应用中。

|3.3 频率梳的应用|

由锁模激光器发出的短脉冲的相干性质已使两个之前截然不同的领域——超快光学和精密光谱学——很好地结合起来。频率梳能方便地将光学频率和微波频率连接起来，使光学原子钟无须发条装置就能长时间工作。到目前为止，我们还没有发现频率梳的精确度受到任何根本性限制。其时间与频率测量的极限不断扩展，已使基础物理学定律的新试验能够实现。通过将原子、离子和分子的光学共振频率与铯原子钟的微波频率进行精确对比，人们正在为基本常数的可能性缓慢变化确定灵敏限。将频率梳方法延伸到新的光谱区（从 THz 频率区到远紫外区）之后，可能为精密光谱学开辟新的光谱领域。人们也很快意识到，很多科技领域中的重要用途可能从这些精致的激光源中受益。例如，频率梳方法由于能够使超短激光脉冲的电场相位得到控制，正在成为打开阿秒科学大门的钥匙。而用激光频率梳来校准的天体摄谱仪能够灵敏地搜索类似地球的行星，精确的干涉遥测将能够帮助高度受控的宇宙飞船编队完成新的太空任务。

3.3.1 精密光谱学

光谱学是可通过实验和理论之间独特的对抗来获得精确频率测量值（即可用最高精度确定的物理量）的领域之一。因此，长期以来，氢原子等简单系统的精密光谱学一直在原子物理学史上起着核心作用。例如，通过在氢气中的精确测量，能够推导出里德伯常量的新数值、任何光谱学跃迁的标度因子以及最精确的已知基本常数。但关于光跃迁绝对频率的任何声明都必然是通过与时间单位"秒"进行对比后得出的——秒被定义为处于原子基态的铯原子在超精细时钟跃迁上振荡 9 192 631 770 次所花的时间。几十年来，这项工作面临的主要障碍一直都是找到一种能够将极高的光频（几百 THz）以相位相干方式转换为微波域中的可计算信号的发条装置。其中一种方法[3.68]是建立频率链，以生成仅在选定频率下工作的铯钟的连续谐波。这种频率计量方法经证明很复杂，需要获得仅在国家研究项目中才能找到的投资规模。通过开发光频梳方法，之前的复杂频率链已被一种尺寸为 $1\,m \times 1\,m$、能有效地精确测量任何频率的装置所替代。频率梳彻底改变了光频的测量方式，如今已成为所有频率计量实验室的通用设备。

在精密光谱学[3.69]中，频率梳（见图 3.6）被用作频率标尺。连续波激光器的未知绝对频率 f_l 通过建立具有最近模的拍音 f_b 来求出：$f_l = n f_r + f_0 \pm f_b$。$f_b$ 的准确信号可通过这两个频率中任何一个的微小变化来求出，而模数 n 可通过用波长计粗略地测量 f_1 来确定。

频率梳如今一般用作精密光谱学工具，能够测量各种原子/分子线的大量频率标准。频率梳一开始时被设想为氢的精密光谱学工具。频率梳在 243 nm 波长下在氢气中用于精确地测量 1S－2S 无多普勒双光子跃迁——这也许最好地说明了频率梳取得的进展[3.69,3.70]。原子氢可能是人们研究过的最基本的原子系统，它使准确的量子电动力学（QED）理论计算能够与精确的实验数据相对抗。氢的精密激光光谱学能用于精确测定物理常数，严格地测试基本理论，以及探究基本常数的可能性偏移。此外，1S－2S 双光子锐共振的绝对频率精确测定对于未来的反氢实验来说具有很有意义的参考价值。图 3.7 显示了这些年来原子氢光谱学的相对精确度。无多普勒激光光谱学在 20 世纪 70 年代的引入以及光学频率测量在 20 世纪 90 年代的引入给这个领域带来了重大突破。直到 10 年前，氢光谱学面临的主要挑战仍然是激光频率的精确测量。随着频率梳的出现，氢光谱学面临的挑战变成评估和控制光谱测量中的系统谱线位移，因为这些位移对于极轻的原子来说尤其重要。这些测量活动的精确度很快就因铯原子钟的性能而受到限制。在 2010 年，通过采用一种大幅改进的测量法[3.71]，分频的不确定度真的降到了 4.2×10^{-15}。

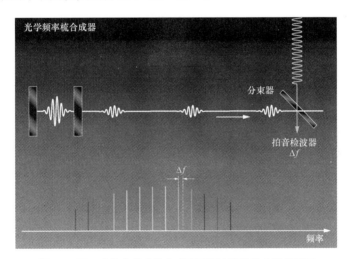

图 3.6　用飞秒激光频率梳合成器测量连续波激光器的频率

3.3.2　光学时钟和频率传递

1. 光学时钟

就像其他任何时钟一样，光学时钟也由一个产生报时滴答声的振荡器和一个用于记录这些周期的计数器组成。铯钟里的振荡就是围绕着原子核自旋使电子旋进的振荡机制。电子计数器每完成 9 192 631 770 次振荡，都会推动秒针前进一格。这个数字是当 SI（国际单位制）秒在 1967 年进行最后一次重新定义时选定的。振荡频率越快，时钟就越精确，因为较高的振荡频率能把时间分成更小的间隔。光频标不断完善的步伐比微波铯钟快得多。由于飞秒激光梳如今已作为完美的钟表机构而出现，因此研究的重心变成了实现更完美的激光稳频以及对窄光学共振（用作光学时钟的钟摆）的精密光谱学中的系统谱线位移进行管理。用囚禁冷离子（尤其是 Hg^+、Yb^+、In^+ 和 Sr^+）做的实验已取得了很大进展。Ca、Sr 等冷中性原子也是有吸引的候选粒子，因为很多原子能同时观察到，而不会干扰库仑斥力，从而改善了信噪比，提高了共振频率的建立速度。这些光学时钟中最好的时钟甚至正在超越（见图 3.8）最佳铯原子喷泉钟的精度。为证明光学时钟的这种效能，需要将铯原子钟与另一种光学时钟做比较。科学家们[3.72]已成功地通过测量证实了两种基于单个囚禁 Al 离子的光学时钟是很稳定的。这两个光学时钟的分频不精确度达到 8.6×10^{-18}，其所测得的分频差为 -1.8×10^{-17}。此外，要将两个铯钟通过对比调到 10^{15} 级需要花数小时或几天，而两个光频只需几秒就能比对到这个水平。更好的原

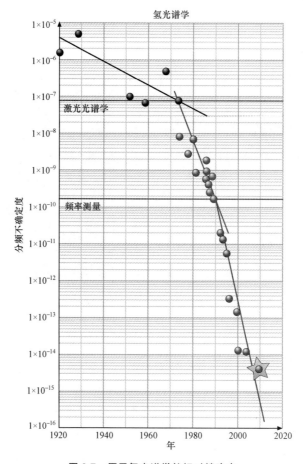

图 3.7　原子氢光谱学的相对精确度

子钟将成为很多科技应用领域的使能工具。这些原子钟能拓展精密光谱学和时间/频率计量学的前沿，还使得时钟的远距离精确同步成为可能。在天文学中，这些同步时钟可能使长基线干涉测量范围延伸到红外光波长区。更好的时钟还能提高卫星导航系统的性能以及探测器在太空深处的跟踪能力。光通信网络的同步过程也需要精确的时钟。在基础物理学中，时钟越精确，就能越严格地测试狭义相对论和广义相对论以及其他基本定律。

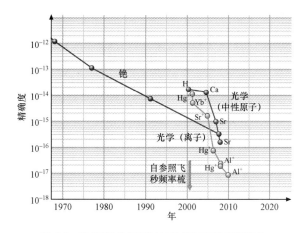

图 3.8　微波/光学频率时钟的相对不确定度演化

（自 2000 年以来，所有的光学测量都是用频率梳实施的。如今最好的光学时钟甚至比最好的铯原子钟还精准）

2. 频率传递

光纤网络中的频率传递[3.73~3.76]能利用频率梳的相位相干和光学宽带宽来实现。实际上，一个频率梳能以相位相干方式将光学时钟频率与 1.5 μm 的连续波激光连接起来。然后，这个连续波激光在含有中频放大器和主动光纤降噪装置的光纤链路中传输。在链路末端，另一个频率梳将激光频率转换到另一种光频或射频域。由此，在几百公里的距离上，可达到 10^{-19} 的相对频率不确定度。因此，用精密光谱学实验的结果给国家计量实验室中的光学时钟提供直接远程参照或者远距离对比两个光学时钟是有可能的。谱线间隔较大的频率梳也非常适于高速远程通信。一个这样的频率梳发生器能代替超过一百个传统激光二极管，为多路复用/多路分解提供一个绝对参照型频率栅。小型频率梳甚至还可能建立芯片大小的新一代频标，以用于天基时钟以及实现远距离频率标准传播。

3.3.3　波形合成

光学合成器能反向操作[3.77,3.78]，生成可计算的射频输出，即以相位相干方式与光学锐跃迁链接的重复频率 f_r。然后，就可以生成具有低相位噪声的微波和任意射频波形。为了生成具有低相位噪声的微波，应当将自参照型频率梳锁相到超稳定的连续波窄线宽激光器上。然后，频率梳的重复频率就变成了连续波激光频率的一部分，其相位噪声由本征热腔噪声决定。

1. 微波合成

频率梳重复率或其谐波的光电探测过程会生成一个微波信号，其相位噪声可能低于用室温射频振荡器得到的相位噪声。这种具有低相位噪声的微波信号可能在如下技术领域中应用：雷达、时间分布和同步、远程通信、空间导航系统、精确喷泉型原子频标中的本机振荡器。

2. 光学波形合成

电子射频装置用于生成和测量任意电场波形已有几十年的历史。光学装置由于相关频率要高得多，因此常常用于生成及测量强度波形，但不能控制电场相位。激光频率梳的出现使得光学电场的相位能够相对于相应强度波形得以测量、控制。这些激光频率梳的开发最近为光频下任意波形的生成[3.79]以及逐行脉冲整形[3.80]打开了新的视野。在 100 根梳形谱线上静态逐行脉冲整形至几 Hz 的超精细光谱分辨率——这种技术通过生成激发场（并经过优化以探测特定的粒子），可能有利于量子力学过程（如高灵敏度宽带光谱法和超快化学反应）的相干控制。因此，光学任意波形的生成已变得可以想象，还能够既用于生成任意射频波形，又避免由数模转换器带来的限制。

3.3.4 距离测量

频率梳可通过激光测距途径[3.81]来实现——最值得注意的是在多波长干涉测量和渡越时间测量的结合过程中[3.82,3.83]实现。频率梳的精确时基确实能使频率梳起到空间标尺的作用，在空间，频率梳的精确度仅受测量路径上折射率变化的限制。但目前还需要用到镜面反射器，因为每根梳状谱线的功率仍然太低，以至于无法与连续波激光器竞争。因此，为了对模糊不清的目标进行 LIDAR（光探测及测距），首选的仍然是以频率梳作为频率标尺的传统激光器。

3.3.5 天文学

在天文学中，对基于光谱线的更精确测量法的需求已达到令传统的校准源——光谱灯——不再能应付的程度。通过针对被遥远类星体照射的星系间原子氢云研究其莱曼 α 吸收谱线群中的哈勃流，可以直接测量宇宙的持续膨胀量。但这需要测量~$1\ \mathrm{cm \cdot s^{-1} \cdot yr^{-1}}$ 的多普勒速度偏移量，而天体摄谱仪还没有被校准到这样高的精确度。要在相隔数年或数十年的不同位置上与不同的仪器进行对比——这也要求摄谱仪具有较高的可追溯性。同样，太阳系以外的、海王星大小的行星目前也能用摄谱仪来探测，例如利用高性能的 échelle 摄谱仪以及在智利拉西亚欧洲南方天文台（ESO）的 3.6 m 望远镜上安装的高精度径向速度行星搜索器（HARPS）。HARPS 可达到的精度优于 1 m/s，但要发现类似地球的、太阳系以外的行星，还必须大大提高其性能。对于下一代望远镜和光谱分析仪来说，我们还需开发新的校准方法，以提高背景星光的测量精度。

利用精度约为 10^{-8} 的校准灯，能够确定光谱线的多普勒频移，并精确到几 m/s。锁定至原子钟的频率梳具有 10^{-14} 级的精度——这在理论上能使多普勒频移测量值的精度达到 μm/s 级。在这方面遇到的真正挑战是将频率梳的精确度传递给光谱仪。要让频率梳能够精确地在线校准天文光谱仪，必须利用光谱仪来分辨频率梳的模。对于天体摄谱仪来说，10^5 的分辨能力是分辨率和探测效率之间的折中结果。因此，需要采用在几百纳米带宽上模间隔足够大（＞10 GHz）的频率梳[3.84]。由于具有这种重复频率的可靠频率梳几乎找不到，因此一种替代方案（见图 3.9）是利用级联滤波谐振腔中的脉冲重复频率倍频[3.85~3.90]。其他替代方案包括采用谐波锁模激光器[3.91]或微谐振腔。

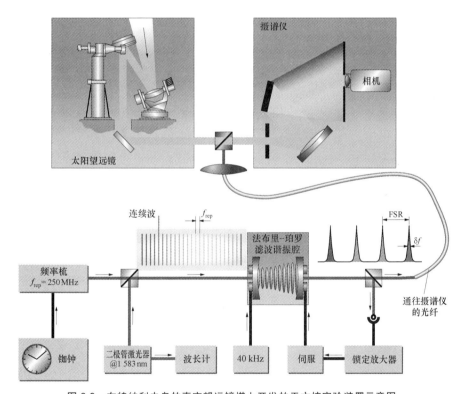

图 3.9　在特纳利夫岛的真空望远镜塔上开发的天文梳实验装置示意图

（通过将频率梳与太阳光叠加，能够对照着原子钟校准频率梳的发射谱或吸收谱。用法布里–珀罗腔（FPC）来过滤重复频率为 250 MHz 的掺铒光纤频率梳，能增大有效模间隔，使频率梳的模间隔能被光谱仪分辨。频率梳将通过铷原子钟来控制。将连续波近红外激光锁定到一根梳状谱线上，同时馈入波长计中。虽然波长计的精度比激光频率梳低好几个数量级，但波长计的精度足以识别模数 n。对最终梳状谱线间隔起决定作用的 FPC 长度将通过其输出端的反馈信号来控制（根据文献 [3.86]））

近年来，科学家们报道了利用各种各样的望远镜做的很多演示实验，其中包括特纳利夫岛的真空望远镜塔[3.86]、亚利桑那州阿马多的惠普尔天文台[3.89]、智利拉西亚欧洲南方天文台（ESO）的 3.6 m 望远镜[3.88]。用频率梳覆盖欧洲南方天文台 HARPS 摄谱仪的一个中阶梯光栅级（而不是全部 72 个中阶梯光栅级）[3.88]，就已经足以在校准该仪器时达到与传统光谱灯相同的重复频率（在一次 80 s 的照射中为 15 cm/s），而传统光谱灯一般来说需要覆盖全部 72 个中阶梯光栅级。此外，电荷耦合器件（CCD）传感器阵列的像素不规则性可能被探测出来，从而使摄谱仪的绝对校准精度（在几小时内对所有采集数据求平均值时达到 5 MHz）提高超过一个数量级。因此，通过用高度非线性光纤中频率梳的频谱展宽来覆盖整个可见光谱区，就能够在几分钟的光谱采集时间内以 cm/s 级的重复频率进行多普勒频移测量。

3.3.6　阿秒科学

载波包络相位稳定化对阿秒科学的重要影响[3.92]还为孤立阿秒脉冲的稳定可再现生成铺平了道路。超快激光科学的应用需要对超短激光强脉冲的生成进行更严格的控制，例如在开发小型耀眼粒子源和 X 射线源时。用于调节空间/时间强度脉冲外形和整个电场中载频扫频的方法已经很成熟，脉冲诊断方法也是如此。脉冲诊断法是控制方案中一个不可分割的部分，能够完全描述脉冲及其啁啾的包络。但对激光脉冲内部的光波周期强度很敏感的强场来说，在单个光学周期标度上脉冲场的时间相关偏振态是强场应用的一项至关重要的要求。由于超短脉冲激光系统趋近于单周期机制，因此在每个光学半周期内，脉冲的电场强度在波峰之间有很大的变化。然后，通过探测载波包络相位并使其稳定，就可能控制在超短光波形的脉冲包络下面电场的演变。因此，目前掀起了很多以开发载波包络相位诊断方法为目的的研究活动。载波包络相位的探测和稳定化还有助于完全还原超短脉冲的电场瞬态[3.93]。通过测量脉冲自相关作用以及通过高次谐波的光谱分析法来确定载波包络相位，可以计算出电场瞬态。一个更直接的测量方法是利用阿秒电子脉冲串来探测场强的变化[3.94]。然后，可以用比一个光学周期短的时间分辨率对电场瞬态进行采样。

3.3.7　分子光谱学

至于简单原子系统的精密光谱学，在分子光谱学中频率梳可用作频率标尺[3.95]，用于测量在样波探测时使用的连续波激光频率。或者，在实验中用频率梳来激发原子样波的荧光[3.96]之后，可以将这个实验延伸到分子领域。

但近年来，用频率梳直接激发样波的新技术已经开发出来。这些方法的前景是可能在分子科学中取得引人瞩目的进展。频率梳的直接吸收光谱可在较宽的光谱带宽上实现短时间测量和高精度。在色散分光计[3.97]和傅里叶变换分光计中，已看到这样的进展[3.98~3.101]。傅里叶光谱仪将光谱信号记录在一个光电探测器上，因此表现出"在任何光谱区内谱宽几乎不受限制且具有多普勒有限分辨率"的优势。

此外，通过将激光频率梳以相干方式耦合到含有样波的高精细度谐振腔中，可使测量灵敏度大大改善。腔增强型光谱和光腔衰荡型光谱已广泛用于超灵敏光谱吸收测定[3.102]，使基本光谱学和非干涉微量气体传感（当用可调谐窄带宽激光器实现时）领域取得了长时间的显著进展。对于腔增强型频率梳光谱，所采用的一种方法是用装有探测器阵列的色散分光计对空腔中传播的光进行光谱分析。这可得到高度平行的光谱[3.103]，其谱宽通常为 10 nm 宽，分辨率为 GHz 级，采集时间为 ms 级。虽然色散分光计通常不能在静态短时间测量中直接分辨梳形谱线，但通过扫描频率梳模和空腔共振模[3.104]以及实施游标尺法[3.105]，经证明能成功地提高分辨率，只是要以记录时间更长且连续为代价。但在中红外分子指纹光谱区中较大的探测器阵列不容易得到，因为在这个光谱区中，大多数分子都具有较强的旋转－振动特征。

此外，最近用多外差频率梳傅里叶变换（FT）光谱（又叫作"双梳光谱"）做的实验[3.106~3.111]证明，具有精确间隔的激光频率梳谱线可用于快速而灵敏地采集分子的高度多路复用光谱。

在这样的一个实验中[3.106]，研究人员将吸能分子气体注入与激光谐振器匹配的一个光共振腔中，使该分子气体在每根梳状谱线下都会同时共振。因此，由于有效光程增加（就像在高度平行光腔衰荡型光谱中那样），弱吸收的灵敏度会增强。然后，由这种激发频率梳形成的编码信息需要用光谱仪来重新采集。这是通过用起参照作用的第二个频率梳对激发梳实施外差来实现的。这种方法能够在很短的测量时间内精确地同时获得较宽的光谱带宽，并且从物理学上根据时域干涉、多外差探测、光学无感应衰减、线性光脉冲取样或两个电场之间的互相关性也同样能得到此结论。实际上，在共振腔中传播的光在第二个频率梳上叠加，重复频率只有稍微的变化。然后，由于成对光学梳形谱线之间的干涉，单个快速光电探测器会产生具有射频梳的输出信号。因此，在频域中（见图 3.10（a）），光谱会被有效地映射到射频区域中，在那里我们能对光谱进行快速数字信号处理。在时域中（见图 3.10（b）），激发梳的脉冲序列会定期地激发吸能样波。然后，具有不同重复频率的第二个脉冲序列以干涉测量方式对介质的瞬时响应或无感应衰减进行采样——这与光学取样示波器相似。在这里，连续激光脉冲之间的相位相关性对于可再现取样来说至关重要——虽然无感应衰减发生在比两个激光脉冲之间的时间间隔更短的时间范围内。

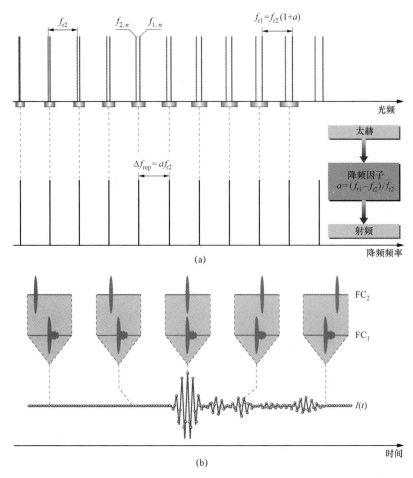

图 3.10　双梳光谱的物理原理

（这两个激光器的重复频率分别为 f_{r1} 和 f_{r2}，其差值为 $\Delta f_r \ll f_{r1}$。这种方法要求 $f_{r1}-f_{r2}$ 和 $f_{01}-f_{01}$ 之差在测量期间保持恒定，或者需要监测其变化，以便进行后校正）

（a）在频域中，具有谱线间距 f_{r2} 的参考频率梳 2 被用作高度多路复用外差接收机，以生成射频梳；（b）在时域中，参考频率梳 FC_2 的脉冲序列慢慢穿过由 FC_1 发出的激发脉冲，得到激发电场的测量值 $I(t)$

　　甚至在对于灵敏分子光谱来说没什么意义的近红外区中实施的首批原理认证实验（见图 3.11）也证实：双梳光谱的潜力极其可观，能静止地对复杂分子光谱进行超快超灵敏记录。与基于迈克尔逊干涉仪的传统傅里叶变换光谱相比，双梳光谱的记录时间从秒缩短到了微秒[3.106]，在短寿命瞬态粒子的光谱学或高光谱成像方面有很吸引人的应用前景。双梳光谱的分辨率随着测量时间成比例地提高。因此，较长的记录时间能得到极其精确的高分辨分子光谱[3.108,3.109]，因为每根激光梳状谱线的绝对频率据悉与原子钟的精度相同。

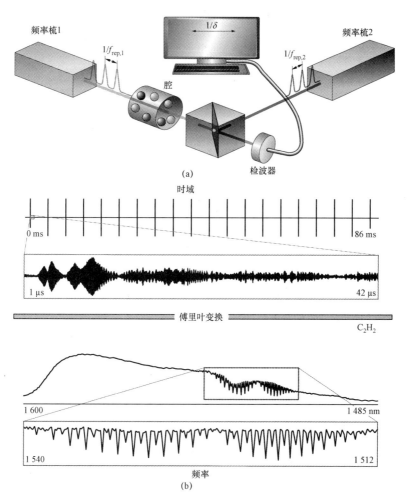

图 3.11 双梳光谱的实验装置和实验干涉图

（a）双梳光谱的实验装置（频率梳 1 和频率梳 2 的谱线间距稍有不同。这两个频率梳中的其中一个（1）通过空腔（可能是一个单程腔或增强型谐振腔）传播，并相对于第二个频率梳（2）产生外差，得到一个降频射频梳，其中含有与频率梳 1 的每条谱线都经历过的吸收与色散有关的信息。其他装置则是让这两个频率梳同时激发样波）；（b）实验干涉图（由于这两个频率梳的脉冲恒定重复频率之间稍有不一致，因此干涉图会以这两束激光的重复频率之差的倒数作为周期进行自我重复。当这两束激光的脉冲重叠时，会出现较强的短脉冲群。在这些短脉冲群的一侧，由于分子特征的影响，干涉图可调节、缩收——见图（b）的第二行。当单个频率梳激发样波时，所得到的干涉仪实际上可视为与色散傅里叶变换迈克尔逊干涉仪等效，只是在后一种干涉仪中样波被放置在光谱仪的一个臂上。通过一小部分干涉图时序的傅里叶变换，我们看到光谱被记录在掺铒频率梳上。在宽度为 115 nm 的 $v_1 + v_3$ 泛音谱带内，乙炔（C_2H_2）的光谱在 42 μs 的单次记录时间内测得，得到 3 GHz 的未切趾分辨率。相比之下，用传统的傅里叶变换分光计来记录此光谱需要超过 10 s 的时间。与基于迈克尔逊干涉仪的 FT 光谱相比，这种方法的记录时间实际上缩短到原来的 100 万分之一，而信噪比则完全相同）

|3.4 结 论|

在首次演示频率梳以及频率梳在光频测量、光频合成和光学原子钟领域中引发革命之后的 10 年里，全世界大多数的频率测量实验室都把频率梳合成器作为一种常见的实验室工具。激光频率梳的应用范围不断扩大——从阿秒科学一直到远程通信和卫星导航——给研究人员们带来了很大信心。事实上，随着这些开创性光子工具的开发前沿不断往前推进，在很多科技领域中还将会有新的意外发现。频率梳在实验室外的应用也正在进行中，在不久的将来一定会结出令人振奋的硕果。

|参 考 文 献|

［3.1］T. W. Hänsch：Nobel Lecture：Passion for precision，Rev. Mod. Phys. **78**，1297–1309（2006）

［3.2］J. L. Hall：Nobel Lecture：Defining and measuring optical frequencies，Rev. Mod. Phys. **78**，1279–1295（2006）

［3.3］T. Udem，R. Holzwarth，T. W. Hänsch：Optical frequency metrology，Nature **416**，233–237（2002）

［3.4］S. T. Cundiff，J. Ye：Colloquium：Femtosecond optical frequency combs，Rev. Mod. Phys. **75**，325（2003）

［3.5］S. A. Diddams：The evolving optical frequency comb，J. Opt. Soc. Am. B **27**（11），B51–B62（2010）

［3.6］J. Ye，S. T. Cundiff（Eds.）：*Femtosecond Optical Frequency Comb：Principle，Operation and Applications*（Springer，Berlin，Heidelberg 2005）pp. 1–361

［3.7］J. N. Eckstein：High resolution spectroscopy using multiple coherent interactions，Ph. D. Thesis，Stanford University（1978）

［3.8］T. Udem，J. Reichert，R. Holzwarth，T. W. Hänsch：Proc. 1999 Jt. Meet. Eur. Freq. Time Forum（EFTF99）and IEEE Int. Freq. Control Symp.（FCS99）**2**，620–625（1999）

［3.9］J. Reichert，M. Niering，R. Holzwarth，M. Weitz，T. Udem，T. W. Hänsch：Phase coherent vacuum-ultraviolet to radio frequency comparison with a mode-locked laser，Phys. Rev. Lett. **84**，3232（2000）

［3.10］S. A. Diddams，D. J. Jones，J. Ye，S. Cundiff，J. L. Hall，J. K. Ranka，R. Windeler，R. Holzwarth，T. Udem，T. W. Hänsch：Direct link between microwave and optical frequencies with a 300 THz femtosecond laser comb，Phys. Rev. Lett. **84**，5102（2000）

［3.11］ R. Holzwarth, T. Udem, T. W. Hänsch, J. C. Knight, W. J. Wadsworth, P. S. J. Russell：Optical frequency synthesizer for precision spectroscopy, Phys. Rev. Lett. **85**, 2264–2267（2000）

［3.12］ D. J. Jones, S. A. Diddams, J. K. Ranka, A. Stentz, R. S. Windeler, J. L. Hall, S. T. Cundiff：Carrier-envelope phase control of femtosecond mode-locked lasers and direct optical frequency synthesis, Science **288**, 635（2000）

［3.13］ J. K. Ranka, R. S. Windeler, A. J. Stentz：Visible continuum generation in air-silica microstructure optical fibers with anomalous dispersion at 800 nm, Opt. Lett. **25**, 25–27（2000）

［3.14］ M. Kourogi, K. Nakagawa, M. Ohtsu：Wide span optical frequency comb generator for accurate optical frequency difference measurement, IEEE J. Quantum Electron. **29**（10）, 2693–2701（1993）

［3.15］ K. Nakagawa, M. de Labachelerie, Y. Awaji, M. Kourogi：Accurate optical frequency atlas of the 1. 5 m bands of acetylene, J. Opt. Soc. Am. B **13**, 2708（1996）

［3.16］ A. Huber, T. Udem, B. Gross, J. Reichert, M. Kourogi, K. Pachucki, M. Weitz, T. W. Hänsch：Hydrogen-deuterium 1S−2S isotope shift and the structure of the deuteron, Phys. Rev. Lett. **80**, 468（1998）

［3.17］ T. W. Hänsch：Application of high resolution laser spectroscopy, *Tunable Lasers and Applications*, ed. by A. Mooradain, T. Jaeger, P. Stokseth（Springer, Berlin, Heidelberg 1976）, p. 326

［3.18］ R. Teets, J. Eckstein, T. W. Hänsch：Coherent two-photon excitation by multiple light pulses, Phys. Rev. Lett. **38**, 760–764（1977）

［3.19］ Y. V. Baklanov, V. P. Chebotayev：Narrow resonances of two-photon absorption of super-narrow pulses in a gas, Appl. Phys. **12**, 97–99（1977）

［3.20］ J. N. Eckstein, A. I. Ferguson, T. W. Hänsch：High-resolution two-photon spectroscopy with picosecond light pulses, Phys. Rev. Lett. **40**, 847–850（1978）

［3.21］ R. Ell, U. Morgner, F. X. Kärtner, J. G. Fujimoto, E. P. Ippen, V. Scheuer, G. Angelow, T. Tschudi：Generation of 5fs pulses and octave-spanning spectra directly from a Ti：sapphire laser, Opt. Lett. **26**, 373–375（2001）

［3.22］ T. M. Fortier, D. J. Jones, S. T. Cundiff：Phase stabilization of an octave-spanning Ti：sapphire laser, Opt. Lett. **28**, 2198–2200（2003）

［3.23］ F. Tauser, A. Leitenstorfer, W. Zinth：Amplified femtosecond pulses from an Er：fiber system：Nonlinear pulse shortening and self-referencing detection of the carrier envelope-phase evolution, Opt. Express **11**, 594–600（2003）

［3.24］ B. Washburn, S. Diddams, N. Newbury, J. W. Nicholson, M. F. Yan,

C. G. Jørgensen: A self-referenced, erbium fiber laser-based frequency comb in the near infrared, Opt. Lett. **29**, 252–254（2004）

［3.25］ T. R. Schibli, I. Hartl, D. C. Yost, M. J. Martin, A. Marcinkevičius, M. E. Fermann, J. Ye: Optical frequency comb with submillihertz linewidth and more than 10W average power, Nat. Photonics **2**, 355–359（2008）

［3.26］ O. Prochnow, R. Paschotta, E. Benkler, U. Morgner, J. Neumann, D. Wandt, D. Kracht: Quantum-limited noise performance of a femtosecond all-fiber ytterbium laser, Opt. Express **17**（18）, 15525–15533（2009）

［3.27］ N. R. Newbury, W. C. Swann: Low-noise fiber-laser frequency combs, J. Opt. Soc. Am. B**24**（8）, 1756–1770（2007）

［3.28］ R. Holzwarth, M. Zimmermann, T. Udem, T. W. Hänsch, P. Russbüldt, K. Gäbel, R. Poprawe, J. C. Knight, W. J. Wadsworth, P. S. J. Russell: White-light frequency comb generation with a diode-pumped Cr: LiSAF laser, Opt. Lett. **26**, 1376–1378（2001）

［3.29］ K. Kim, B. R. Washburn, G. Wilpers, C. W. Oates, L. Hollberg, N. R. Newbury, S. A. Diddams, J. W. Nicholson, M. F. Yan: Stabilized frequency comb with a self-referenced femtosecond Cr: forsterite laser, Opt. Lett. **30**, 932–934（2005）

［3.30］ S. A. Meyer, J. A. Squier, S. A. Diddams: Diode-pumped Yb: KYW femtosecond laser frequency comb with stabilized carrier-envelope offset frequency, Eur. Phys. J. D**48**, 19（2008）

［3.31］ T. Yasui, S. Yokoyama, H. Inaba, K. Minoshima, T. Nagatsuma, T. Araki: Terahertz frequency metrology based on frequency comb, IEEE J. Sel. Top. Quantum Electron. **17**（1）, 191–201（2011）

［3.32］ J. H. Sun, B. J. S. Gale, D. T. Reid: Composite frequency comb spanning 0. 4–2. 4m from a phase-controlled femtosecond Ti: sapphire laser and synchronously pumped optical parametric oscillator, Opt. Lett. **32**（11）, 1414–1416（2007）

［3.33］ F. Adler, K. C. Cossel, M. J. Thorpe, I. Hartl, M. E. Fermann, J. Ye: Phase-stabilized, 1. 5W frequency comb at 2. 8–4. 8m, Opt. Lett. **34**（9）, 1330–1332（2009）

［3.34］ N. Leindecker, A. Marandi, R. L. Byer, K. L. Vodopyanov: Broadband degenerate OPO for mid-infrared frequency comb generation, Opt. Express **19**（7）, 6296–6302（2011）

［3.35］ C. Erny, K. Moutzouris, J. Biegert, D. Kühlke, F. Adler, A. Leitenstorfer, U. Keller: Mid-infrared difference-frequency-generation of ultrashort pulses tunable between 3.2m and 4.8m from a compact fiber source, Opt. Lett. **32**

（9），1138–1140（2007）

［3.36］ P. Maddaloni, P. Malara, G. Gagliardi, P. De Natale: Mid-infrared fibre-based optical comb, New J. Phys. **8**, 262（2006）

［3.37］ E. Peters, S. A. Diddams, P. Fendel, S. Reinhardt, T. W. Hänsch, T. Udem: A deep-UV optical frequency comb at 205 nm, Opt. Express **17**, 9183–9190（2009）

［3.38］ A. McPherson, G. Gibson, H. Jara, U. Johann, T. S. Luk, I. A. McIntyre, K. Boyer, C. K. Rhodes: Studies of multiphoton production of vacuum-ultraviolet radiation in the rare gases, J. Opt. Soc. Am. B **4**, 595–601（1987）

［3.39］ M. Ferray, A. L'Huillier, X. F. Li, L. A. Lompre, G. Mainfray, C. Manus: Multiple-harmonic conversion of 1064 nm radiation in rare gases, J. Phys. B **21**, L31（1988）

［3.40］ X. F. Li, A. L'Huillier, M. Ferray, L. A. Lompre, G. Mainfray: Multiple-harmonic generation in rare gases at high laser intensity, Phys. Rev. A **39**, 5751–5761（1989）

［3.41］ C. Gohle, T. Udem, M. Herrmann, J. Rauschenberger, R. Holzwarth, H. A. Schuessler, F. Krausz, T. W. Hänsch: A frequency comb in the extreme ultraviolet, Nature **436**, 234–237（2005）

［3.42］ R. J. Jones, K. D. Moll, M. J. Thorpe, J. Ye: Phase-coherent frequency combs in the vacuum ultraviolet via high-harmonic generation inside a femtosecond enhancement cavity, Phys. Rev. Lett. **94**, 193201（2005）

［3.43］ R. J. Jones: Intracavity high harmonic generation with fs frequency combs, *High Intensity Lasers and High Field Phenomena*（Optical Society America, New York 2011）, p. HFB5

［3.44］ K. D. Moll, R. J. Jones, J. Ye: Output coupling methods for cavity-based high-harmonic generation, Opt. Express **14**, 8189–8197（2006）

［3.45］ A. Ozawa, A. Vernaleken, W. Schneider, I. Gotlibovych, T. Udem, T. W. Hänsch: Non-collinear high harmonic generation: A promising outcoupling method for cavity assisted XUV generation, Opt. Express **16**, 6233–6239（2008）

［3.46］ D. C. Yost, T. R. Schibli, J. Ye: Efficient output coupling of intracavity high harmonic generation, Opt. Lett. **33**, 1099–1101（2008）

［3.47］ P. Russbueldt, T. Mans, G. Rotarius, J. Weitenberg, H. D. Hoffmann, R. Poprawe: 400 W Yb: YAG Innoslab fs-amplifier, Opt. Express **17**（15）, 12230–12245（2009）

［3.48］ D. C. Yost, T. R. Schibli, J. Ye, J. L. Tate, J. Hostetter, M. B. Gaarde, K. J. Schafer: Vacuum-ultraviolet frequency combs from below-threshold harmonics, Nat. Phys. **5**, 815–820（2009）

［3.49］A. Bartels, D. Heinecke, S. A. Diddams：10 GHz self-referenced optical frequency comb, Science **326**, 681（2009）

［3.50］I. Hartl, A. Romann, M. E. Fermann：Passively mode locked GHz femtosecond Yb-fiber laser using an intra-cavity Martinez compressor, CLEO S and I, OSA Technical Digest（CD）（2011）paper CMD3

［3.51］P. Del'Haye, A. Schliesser, O. Arcizet, T. Wilken, R. Holzwarth, T. J. Kippenberg：Optical frequency comb generation from a monolithic microresonator, Nature **450**（7173）, 1214–1217（2007）

［3.52］J. Stenger, H. Schnatz, C. Tamm, H. R. Telle：Ultraprecise measurement of optical frequency ratios, Phys. Rev. Lett. **88**, 073601（2002）

［3.53］L. -S. Ma, Z. Bi, A. Bartels, L. Robertsson, M. Zucco, R. S. Windeler, G. Wilpers, C. Oates, L. Hollberg, S. A. Diddams：Optical frequency synthesis and comparison with uncertainty at the 10^{-19} level, Science **303**, 1843（2004）

［3.54］R. P. Scott, T. D. Mulder, K. A. Baker, B. H. Kolner：Amplitude and phase noise sensitivity of mode-locked Ti：sapphire lasers in terms of a complex noise transfer function, Opt. Express **15**, 9090–9095（2007）

［3.55］N. R. Newbury, B. R. Washburn, K. L. Corwin, R. S. Windeler：Noise amplification during supercontinuum generation in microstructure fiber, Opt. Lett. **28**, 944–946（2003）

［3.56］T. J. Kippenberg, R. Holzwarth, S. A. Diddams：Microresonator-based optical frequency combs, Science **332**（6029）, 555–559（2011）

［3.57］P. Del'Haye, O. Arcizet, A. Schliesser, R. Holzwarth, T. J. Kippenberg：Full stabilization of a microresonator-based optical frequency comb, Phys. Rev. Lett. **101**（5）, 053903（2008）

［3.58］P. Del'Haye, T. Herr, E. Gavartin, R. Holzwarth, T. J. Kippenberg：Octave spanning frequency comb on a chip, arXiv：0912. 4890v1（2009）

［3.59］P. Del'Haye：Optical Frequency Comb Generation in Monolithic Microresonators, Dissertation, Ludwig Maximilian University, Munich（2011）

［3.60］A. A. Savchenkov, A. B. Matsko, W. Liang, V. S. Ilchenko, D. Seidel, L. Maleki：Kerr combs with selectable central frequency, Nat. Photonics **5**, 293–296（2011）

［3.61］C. Wang, T. Herr, P. Del'Haye, A. Schliesser, R. Holzwarth, T. W. Hänsch, N. Picqué, T. J. Kippenberg：Mid-infrared frequency combs based on microresonators, Conf. Lasers Electro-Opt.（CLEO）2011（The Optical Society of America, New York 2011）paper PDPA4

［3.62］S. B. Papp, S. A. Diddams：Spectral and temporal characterization of a fused-quartz microresonator optical frequency comb, arXiv: 1106. 2487（2011）

[3.63] W. Liang, A. A. Savchenkov, A. B. Matsko, V. S. Ilchenko, D. Seidel, L. Maleki: Generation of near-infrared frequency combs from a MgF_2 whispering gallery mode resonator, Opt. Lett. **36**（12）, 2290–2292（2011）

[3.64] A. A. Savchenkov, A. B. Matsko, V. S. Ilchenko, I. Solomatine, D. Seidel, L. Maleki: Tunable optical frequency comb with a crystalline whispering gallery mode resonator, Phys. Rev. Lett. **101**（9）, 093902（2008）

[3.65] L. Razzari, D. Duchesne, M. Ferrera, R. Morandotti, S. Chu, B. E. Little, D. J. Moss: CMOS-compatible integrated optical hyper-parametric oscillator, Nat. Photonics **4**（1）, 41–45（2010）

[3.66] M. A. Foster, J. S. Levy, O. Kuzucu, K. Saha, M. Lipson, A. L. Gaeta: A silicon-based monolithic optical frequency comb source, arXiv: 1102. 0326v1, 2011

[3.67] J. S. Levy, A. Gondarenko, M. A. Foster, A. C. Turner-Foster, A. L. Gaeta, M. Lipson: CMOS-compatible multiple-wavelength oscillator for on-chip optical interconnects, Nat. Photonics **4**（1）, 37–40（2010）

[3.68] H. Schnatz, B. Lipphardt, J. Helmcke, F. Riehle, G. Zinner: First phase-coherent frequency measurement of visible radiation, Phys. Rev. Lett. **76**, 18–21（1996）

[3.69] M. Niering, R. Holzwarth, J. Reichert, P. Pokasov, T. Udem, M. Weitz, T. W. Hänsch, P. Lemonde, G. Santarelli, M. Abgrall, P. Laurent, C. Salomon, A. Clairon: Measurement of the hydrogen 1S − 2S transition frequency by phase coherent comparison with a microwave cesium fountain clock, Phys. Rev. Lett. **84**, 5496（2000）

[3.70] M. Fischer, N. Kolachevsky, M. Zimmermann, R. Holzwarth, T. Udem, T. W. Hänsch, M. Abgrall, J. Grünert, I. Maksimovic, S. Bize, H. Marion, F. Pereira Dos Santos, P. Lemonde, G. Santarelli, P. Laurent, A. Clairon, C. Salomon, M. Haas, U. D. Jentschura, C. H. Keitel: New limits on the drift of fundamental constants from laboratory measurements, Phys. Rev. Lett. **92**, 230802（2004）

[3.71] C. Parthey, A. Matveev, J. Alnis, B. Bernhardt, A. Beyer, R. Holzwarth, A. Maistrou, R. Pohl, K. Predehl, T. Udem, T. Wilken, N. Kolachevsky, M. Abgrall, D. Rovera, C. Salomon, P. Laurent, T. W. Hänsch: Improved measurement of the hydrogen 1S − 2S transition frequency, Phys. Rev. Lett. **107**, 203001（2011）

[3.72] C. W. Chou, D. B. Hume, J. C. J. Koelemeij, D. J. Wine-land, T. Rosenband: Frequency comparison of two high-accuracy Al+optical clocks, Phys. Rev. Lett. **104**, 070802（2010）

［3.73］ I. Coddington, W. C. Swann, L. Lorini, J. C. Bergquist, Y. Le Coq, C. W. Oates, Q. Quraishi, K. S. Feder, J. W. Nicholson, P. S. Westbrook, S. A. Diddams, N. R. Newbury: Coherent optical link over hundreds of metres and hundreds of terahertz with subfemtosecond timing jitter, Nat. Photonics **1**, 283–287（2007）

［3.74］ N. R. Newbury, P. A. Williams, W. C. Swann: Coherent transfer of an optical carrier over 251 km, Opt. Lett. **32**（21）, 3056–3058（2007）

［3.75］ O. Lopez, A. Haboucha, F. Kéfélian, H. Jiang, B. Chanteau, V. Roncin, C. Chardonnet, A. Amy-Klein, G. Santarelli: Cascaded multiplexed optical link on a telecommunication network for frequency dissemination, Opt. Express **18**（16）, 16849–16857（2010）

［3.76］ G. Grosche, O. Terra, K. Predehl, R. Holzwarth, B. Lipphardt, F. Vogt, U. Sterr, H. Schnatz: Optical frequency transfer via 146 km fiber link with 10−19 relative accuracy, Opt. Lett. **34**（15）, 2270–2272（2009）

［3.77］ J. Millo, R. Boudot, M. Lours, P. Y. Bourgeois, A. N. Luiten, Y. Le Coq, Y. Kersalé, G. Santarelli: Ultra-low-noise microwave extraction from fiber-based optical frequency comb, Opt. Lett. **34**（23）, 3707–3709（2009）

［3.78］ F. Quinlan, T. M. Fortier, M. S. Kirchner, J. A. Taylor, M. J. Thorpe, N. Lemke, A. D. Ludlow, Y. Jiang, C. W. Oates, S. A. Diddams: Ultralow phase noise microwave generation with an Er: fiber-based optical frequency divider, arXiv: 1105. 1434（2011）

［3.79］ F. Ferdous, H. Miao, D. E. Leaird, K. Srinivasan, J. Wang, L. Chen, L. T. Varghese, A. M. Weiner: Spectral line-by-line pulse shaping of an on-chip microresonator frequency comb, arXiv: 1103. 2330（2011）

［3.80］ S. T. Cundiff, A. M. Weiner: Optical arbitrary waveform generation, Nat. Photonics **4**, 760–766（2010）

［3.81］ K. −N. Joo, S. −W. Kim: Absolute distance measurement by dispersive interferometry using a femtosecond pulse laser, Opt. Express **14**, 5954–5960（2006）

［3.82］ J. Ye: Absolute measurement of long, arbitrary distance to less than an optical fringe, Opt. Lett. **29**, 1153–1155（2004）

［3.83］ I. Coddington, W. C. Swann, L. Nenadovic, N. R. Newbury: Rapid and precise absolute distance measurements at long range, Nat. Photonics **3**, 351–356（2009）

［3.84］ M. T. Murphy, T. Udem, R. Holzwarth, A. Sizmann, L. Pasquini, C. Araujo-Hauck, H. Dekker, S. D'Odorico, M. Fischer, T. W. Hänsch, A. Manescau: High-precision wavelength calibration of astronomical spectrographs with laser frequency combs, Mon. Not. R. Astron. Soc. **380**, 839–847（2007）

[3.85] C. −H. Li, A. J. Benedick, P. Fendel, A. G. Glenday, F. X. Kartner, D. F. Phillips, D. Sasselov, A. Szent-gyorgyi, R. L. Walsworth: A laser frequency comb that enables radial velocity measurements with a precision of 1 cm · s⁻¹, Nature **452**, 610–612（2008）

[3.86] T. Steinmetz, T. Wilken, C. Araujo-Hauck, R. Holzwarth, T. W. Hänsch, L. Pasquini, A. Manescau, S. D' Odorico, M. T. Murphy, T. Kentischer, W. Schmidt, T. Udem: Laser frequency combs for astronomical observations, Science **23**, 1335（2008）

[3.87] D. Braje, M. Kirchner, S. Osterman, T. Fortier, S. A. Diddams: Astronomical spectrograph calibration with broad-spectrum frequency combs, Eur. Phys. J. D **48**, 57–66（2008）

[3.88] T. Wilken, C. Lovis, A. Manescau, T. Steinmetz, L. Pasquini, G. Lo Curto, T. W. Hänsch, R. Holzwarth, T. Udem: High-precision calibration of spectrographs, Mon. Not. R. Astron. Soc. **405**, L16–L20（2010）

[3.89] A. J. Benedick, G. Chang, J. R. Birge, L. Chen, A. G. Glenday, C. Li, D. F. Phillips, A. Szentgyorgyi, S. Korzennik, G. Furesz, R. L. Walsworth, F. X. Kärtner: Visible wavelength astro-comb, Opt. Express **18**, 19175–19184（2010）

[3.90] F. Quinlan, G. Ycas, S. Osterman, S. A. Diddams: A 12. 5 GHz-spaced optical frequency comb spanning > 400 nm for infrared astronomical spectrograph calibration, Rev. Sci. Instrum. **81**, 06310（2010）

[3.91] J. J. McFerran: Échelle spectrograph calibration with a frequency comb based on a harmonically mode-locked fiber laser: a proposal, Appl. Opt. **48**（14）, 2752–2759（2009）

[3.92] T. Brabec, F. Krausz: Intense few-cycle laser fields: Frontiers of nonlinear optics, Rev. Mod. Phys. **72**（2）, 545–591（2000）

[3.93] A. Baltuˇska, T. Udem, M. Uiberacker, M. Hentschel, E. Goulielmakis, C. Gohle, R. Holzwarth, V. S. Yakovlev, A. Scrinzi, T. W. Hänsch, F. Krausz: Attosecond control of electronic processes by intense light fields, Nature **421**, 611–615（2003）

[3.94] E. Goulielmakis, M. Uiberacker, R. Kienberger, A. Baltuˇska, V. Yakovlev, A. Scrinzi, T. Wester-walbesloh, U. Kleineberg, U. Heinzmann, M. Drescher, F. Krausz: Direct measurement of light waves, Science **305**, 1267–1269（2004）

[3.95] D. Mazzotti, P. Cancio, G. Giusfredi, P. De Natale, M. Prevedelli: Frequency-comb-based absolute frequency measurements in the mid-IR with a difference-frequency spectrometer, Opt. Lett. **30**, 997–999（2005）

［3.96］ V. Gerginov, C. E. Tanner, S. A. Diddams, A. Bartels, L. Hollberg: High-resolution spectroscopy with a femtosecond laser frequency comb, Opt. Lett. **30**（13）, 1734–1736（2005）

［3.97］ S. A. Diddams, L. Hollberg, V. Mbele: Molecular fingerprinting with the resolved modes of a femtosecond laser frequency comb, Nature **445**（7128）, 627–630（2007）

［3.98］ J. Mandon, G. Guelachvili, N. Picqué: Fourier transform spectroscopy with a laser frequency comb, Nat. Photonics **3**（2）, 99–102（2009）

［3.99］ J. Mandon, G. Guelachvili, N. Picqué, F. Druon, P. Georges: Femtosecond laser Fourier transform absorption spectroscopy, Opt. Lett. **32**（12）, 1677–1679（2007）

［3.100］ E. Sorokin, I. T. Sorokina, J. Mandon, G. Guelachvili, N. Picqué: Sensitive multiplex spectroscopy in the molecular fingerprint 2.4 m region with a Cr^{2+}: ZnSe femtosecond laser, Opt. Express **15**, 16540–16545（2007）

［3.101］ F. Adler, P. Mas_lowski, A. Foltynowicz, K. C. Cossel, T. C. Briles, I. Hartl, J. Ye: Mid-infrared Fourier transform spectroscopy with a broadband frequency comb, Opt. Express **18**（21）, 21861–21872（2010）

［3.102］ G. Berden, R. Engeln（Eds.）: *Cavity Ring Down Spectroscopy: Techniques and Applications*（Wiley, New York 2009）

［3.103］ M. J. Thorpe, K. D. Moll, R. J. Jones, B. Safdi, J. Ye: Broadband cavity ringdown spectroscopy for sensitive and rapid molecular detection, Science **311**（5767）, 1595–1599（2006）

［3.104］ F. Adler, M. J. Thorpe, K. C. Cossel, J. Ye: Cavity-enhanced direct frequency comb spectroscopy: Technology and applications, Ann. Rev. Anal. Chem. **3**（3）, 175–205（2010）

［3.105］ C. Gohle, B. Stein, A. Schliesser, T. Udem, T. W. Hänsch: Frequency comb Vernier spectroscopy for broadband, high-resolution, high- sensitivity absorption and dispersion spectra, Phys. Rev. Lett. **99**, 263902（2007）

［3.106］ B. Bernhardt, A. Ozawa, P. Jacquet, M. Jacquey, Y. Kobayashi, T. Udem, R. Holzwarth, G. Guelachvili, T. W. Hänsch, N. Picqué: Cavity-enhanced dual-comb spectroscopy, Nat. Photonics **4**（1）, 55–57（2010）

［3.107］ B. Bernhardt, E. Sorokin, P. Jacquet, R. Thon, T. Becker, I. T. Sorokina, N. Picqué, T. W. Hänsch: Mid-infrared dual-comb spectroscopy with 2.4 m Cr（$^{2+}$）: ZnSe femtosecond lasers, Appl. Phys. B **100**（1）, 3–8（2010）

［3.108］ I. Coddington, W. C. Swann, N. R. Newbury: Coherent multiheterodyne spectroscopy using stabilized optical frequency combs, Phys. Rev. Lett. **100**, 013902（2008）

［3.109］ P. Jacquet, J. Mandon, B. Bernhardt, R. Holzwarth, G. Guelachvili, T. W. Hänsch, N. Picqué: Frequency comb Fourier transform spectroscopy with kHz optical resolution, Fourier Transform Spectroscopy (FTS), OSA Topical Meeting (Optical Society of America, Washington 2009), paper FMB2

［3.110］ F. Keilmann, C. Gohle, R. Holzwarth: Time-domain mid-infrared frequency-comb spectrometer, Opt. Lett. **29**, 1542–1544 (2004)

［3.111］ S. Schiller: Spectrometry with frequency combs, Opt. Lett. **27**, 766–768 (2002)